Android 三维程序设计
——基于 OpenGL ES 的图形应用程序设计

[美] Prateek Mehta　著

周建娟　译

清华大学出版社

北　京

内 容 简 介

本书详细阐述了与 Android 移动设备以及 OpenGL ES 开发相关的基本解决方案，主要包括 ES 2.0 基础知识、3D 建模、Blender 软件应用、纹理和着色、Tank Fence 游戏开发等内容。此外，本书还提供了丰富的示例以及代码，以帮助读者进一步理解相关方案的实现过程。

本书适合作为高等院校计算机及相关专业的教材和教学参考书，也可作为相关开发人员的自学教材和参考手册。

Prateek Mehta

Learn OpenGL ES

ISBN:978-1-4302-5053-1

Original English language edition published by Apress Media.Copyright ©2013 by Apress Media.

Simplified Chinese-Language edition copyright © 2015 by Tsinghua University.All rights reserved.

本书中文简体字版由 Apress 出版公司授权清华大学出版社。未经出版者书面许可，不得以任何方式复制或抄袭本书内容。

北京市版权局著作权合同登记号 图字：01-2014-8625

图书在版编目（CIP）数据

Android 三维程序设计：基于 OpenGL ES 的图形应用程序设计/（美）梅塔（Mehta, P.）著；周建娟译. —北京：清华大学出版社，2015

书名原文：Learn OpenGL ES

ISBN 978-7-302-39137-1

I. ①A… II. ①梅… ②周… III. ①图形软件-移动终端-应用程序-程序设计 IV. ①TP391.41

中国版本图书馆 CIP 数据核字（2015）第 017732 号

责任编辑：钟志芳
封面设计：刘　超
版式设计：牛瑞瑞
责任校对：王　云
责任印制：李红英

出版发行：清华大学出版社
　　　　网　　　址：http://www.tup.com.cn，http://www.wqbook.com
　　　　地　　　址：北京清华大学学研大厦 A 座　　　　邮　　编：100084
　　　　社　总　机：010-62770175　　　　　　　　　　邮　　购：010-62786544
　　　　投稿与读者服务：010-62776969，c-service@tup.tsinghua.edu.cn
　　　　质　量　反　馈：010-62772015，zhiliang@tup.tsinghua.edu.cn
印　装　者：清华大学印刷厂
经　　　销：全国新华书店
开　　　本：185mm×230mm　　　印　　张：12.25　　　字　　数：251 千字
版　　　次：2015 年 12 月第 1 版　　　印　　次：2015 年 12 月第 1 次印刷
印　　　数：1～4000
定　　　价：49.00 元

产品编号：057075-01

译　者　序

Android 是一种基于 Linux 的自由及开放源代码的操作系统，主要使用于移动设备，如智能手机和平板电脑，由 Google 公司和开放手机联盟领导及开发。在优势方面，Android 平台首先就是其开发性，开发的平台允许任何移动终端厂商加入到 Android 联盟中来。显著的开放性可以使其拥有更多的开发者，随着用户和应用的日益丰富，一个崭新的平台也将很快走向成熟。

OpenGL ES（OpenGL for Embedded Systems）是 OpenGL 三维图形 API 的子集，针对手机、PDA 和游戏主机等嵌入式设备而设计。API 由图形软硬件行业协会 Khronos Group 定义推广，该协会主要关注图形和多媒体方面的开放标准。

OpenGL ES 是从 OpenGL 裁剪定制而来的，去除了 glBegin/glEnd、四边形（GL_QUADS）、多边形（GL_POLYGONS）等复杂图元中许多非绝对必要的特性。经过多年发展，现在主要有两个版本：OpenGL ES 1.x，针对固定管线硬件；OpenGL ES 2.x，针对可编程管线硬件。本书对上述两个版本均以支持。

OpenGL ES 和 Android 库之间的整合过程充分体现了广泛的应用程序特征，二者的完美结合定会释放出巨大的能量。本书将会对此予以深入讨论。届时，读者可通过可复用的类库扩展或调整后续的计算机视觉项目，并根据已有的开发环境和知识编写更为丰富的应用程序。希望本书能够唤起读者的编程乐趣。

在本书的翻译过程中，除周建娟之外，李莉、张欢欢、朱琳琳、潘冰玉、赵雷、李海俊、米玥、王梅、程聪、王巍、吴帆、孙健、皮雄飞、李保金也参与了本书的翻译工作，在此一并表示感谢。

译　者

前　　言

本书引领 Android 应用程序开发者探讨交互式 OpenGL ES 2.0 应用程序的开发过程，并以此介绍 3D 图形渲染的基本概念。

OpenGL ES 2.0 源自扩展型 OpenGL 2.0 API，后者可视为桌面级 3D 图形渲染的常见 API。事实上，ES 2.0 也可视为该 API 的一种形式，并针对低功耗显示设备进行优化，例如移动设备和平板电脑。

OpenGL ES 2.0 定义为一类可编程的图形渲染 API，类似于浏览器中的 WebGL，桌面级的 Direct3D 或 OpenGL，以及 Flash 中的 Stage3D。与 OpenGL ES 1.x 相比，该版本在渲染 3D 图形方面提供了更大的灵活性，并实现了期待已久的 GLSL 着色器语言。

基于 Android 的 OpenGL ES 2.0 可使程序员构建交互式/非交互式图形应用程序。然而，相比于非交互 ES 2.0，例如 Live Wallpapers，交互式 ES 2.0 应用程序则更具挑战性，其核心内容多出自开发人员之手。

当用户输入的数据对外观变化产生影响时，则称其为交互式应用程序。当采用 Android SDK 时，由于无须使用到外部库，因而可降低交互式 ES 2.0 应用程序的开发复杂度。而且，利用 OpenGL ES 2.0 API 访问 Android 手持设备的其他特性并非难事，其中包括运动/位置传感器和音频等。Android SDK 可满足大多数交互式 ES 2.0 应用程序的构建操作，例如图像编辑软件、游戏等多项内容。

本书将制作一款相对简单的射击类游戏，并使用触摸和运动/位置传感器，这有助于读者理解较为重要的概念，例如缓冲区、GLSL、状态管理以及 Android 交互式 ES 2.0 应用程序开发的 3D 转换操作。因此，本书重点讨论针对移动游戏和图形开发的 OpenGL ES 知识。

关 于 作 者

  Prateek Mehta（个人主页为 pixdip.com/admin/about.html）目前正在 Indraprastha 大学攻读信息技术工程学位。同时，他也是一名 Web 和 OpenGL ES 开发者，且正在着手研发一款针对 Apache Flex 的图形开发工具。当前，针对 Blender 几何定义文件的 Perl 解释器，Prateek Mehta 热切地期盼相关合作人员的参与（对应网址为 bitbucket.org/prateekmehta），该解释器在本书中也有所使用。

  Prateek 居住于 South West Delhi，除了科技领域之外，他的另一个身份是自由填词人。其业余活动还包括游戏 Counter-Strike，de_dust2 和 de_inferno 是他最钟爱的作战地图，并热衷于 AWP 狙击。

  Prateek Mehta 对于栈上溢问题有着浓厚的兴趣，并乐于回答此类问题（归类于 css 和 opengl-es-2.0 之下）。

技术审校者

  2000 年，Shane Kirk 在肯塔基大学获得了计算机科学学士学位。目前，他在位于 Westbrook，Maine 的 IDE XXLaboratories 担任软件工程师一职，并利用企业级 Java 进行开发。同时，Shane Kirk 也是一名狂热的 Android 开发者，并为音乐制作者提供移动解决方案。在编码之余，他通常宅居于家中的工作室内，并为其乐队 The Wee Lollies（对应网址为 www.theweelollies.com）的下一张专辑进行筹备工作。

致　谢

　　感谢 Steve Anglin 给予我这样一个机会为 Apress 出版社撰写书籍，并打消了此前对出版公司的种种顾虑。目前，我很享受这一过程，并期待着下一次合作，相信这一天很快会到来。

　　感谢编辑 Tom Welsh 和 Jill Balzano，感谢他们对新晋作者付出的耐心。Jill 对书中的问题进行了整理，我不会忘记我们击掌相庆的那一刻。而 Tom 则引领我对本书内容进行必要的修正，详情可访问 gennick.com/sm.html。

　　文字编辑 Lori Cavanaugh 对稿件完成了最后的润色工作，而技术审校 Shane Kirk 则对本书提供了有益的见解和建议（我甚至一度无法理解他如何对生活和工作做出如此出色的平衡），在此一并表示感谢。

　　感谢我的导师 Atul Kumar 和 Alok K. Kushwaha 博士对我的支持和鼓励。

　　感谢我的好友 Anupam 和 Sheetanshu 在 Android 设备方面提供的支持。另外，还要感谢 Tejas，他出色的摄影技巧为本书增添了极大的色彩。

目　　录

第 1 章　新型 API 的优势

本章主要介绍 OepnGL ES 2.0，与早期嵌入式设备的图形渲染 API 相比，其流行趋势呈增长势头，本章也将对此予以解释。关于 OpenGL ES 2.0，相关支持信息源自各大计算机-图形社区，以及嵌入式移动设备供应商，进而确保这种流行趋势的有效性。最后，本章还将讨论如何方便地在 Android 设备上启动 ES 2.0，并创建一个空的表面视图，进而关注游戏开发的实现过程。

本章假设读者了解基于 Eclipse 的 SDK（Android Software Development Kit）构建过程，且针对源自 SDK Manager 的各类 API，熟悉 DK Platform 的安装过程。

1.1　图形渲染 API

OpenGL ES（基于嵌入式系统的开放图形库）可视为嵌入式设备 3D 图形渲染 API（应用程序编程接口），其中包括手机、平板电脑以及游戏机。

作为固定功能管线图形渲染 API，OpenGL ES 1.0 和 ES 1.1 API（统称为 OpenGL ES 1.x）由非营利组织 Khronos Group 发布，且并未向开发人员提供底层硬件的访问能力，其中，大多数渲染功能采取硬编码方式编写，即固定功能图形渲染 API，或固定功能管线。

与 OpenGL ES 1.x API 不同，OpenGL ES 2.0 API 作为可编程图形渲染 API（可编程管线）发布，并通过着色器赋予了开发人员底层硬件的反复问能力（第 3 章将对此加以讨论）。

针对大多数渲染效果，固定功能管线的渲染操作涉及设备所提供的算法，此类算法（及其渲染功能）无法予以适当调整，并针对特定的数据流以及图形卡制定且无法改变。对于 OpenGL ES 1.x API 的固定功能，图形硬件可针对快速渲染进行优化。

相比之下，可编程图形渲染 API 则更加灵活，且适用于通用图形卡。因此，图形开发人员可释放 GPU 的巨大潜能。从技术上讲，可编程管线慢于固定功能管线。然而，鉴于最小通用功能图形卡所提供的灵活性，可编程图形管线的渲染性能可得到极大的提升。OpenGL ES 2.0 结合了 GLSL（OpenGL 着色语言）以及经适当调整后的 OpenGL ES 1.1 子集，并移除了固定功能管线部分。第 3 章将讨论 OpenGL 着色语言。

【提示】GLSL 表示为基于顶点和片元程序设计的 OpenGL 着色语言。其中，着色器定义为可编程管线程序，分别负责顶点标记和颜色填充行为。

与 ES 1.x 相比，OpenGL ES 2.0 中的视觉效果不再受到约束，例如光照/着色效果，图 1.1 显示了基本的着色示例。当然，用户需要将创意理念转换为对应算法，并在图形卡上亲自实现可运行的函数，而这在 ES 1.x 中难以实现。

图 1.1　OpenGL ES 2.0 中的 ADS（环境光-漫反射-镜面光）着色效果

OpenGL ES 2.0 源自其超集 OpenGL 2.0 API（桌面级 3D 图形渲染可编程管线）；而作为 OpenGL 的子集，ES 2.0 针对资源受限的显示设备进行优化，例如手机、平板电脑以及游戏机。另外，ES 2.0 仅包含 OpenGL 2.0 API 中最为有效的方法，冗余内容则被移除。类似于其父 API，这也使得手持设备上的 OpenGL ES 2.0 可表现更为丰富的游戏内容。

1.2　设备需求

截止到 2012 年 10 月 1 日，超过 90%的 Android 设备采用了 OenGL ES 2.0 版本。另外，运行 2.0 版本的设备还可仿效 1.1 版本。尽管如此，Android 设备中的某一操作活动无法同时运行两个版本：OpenGL ES 2.0 并未向后兼容 ES 1.x。需要注意的是，虽然操作活动对此无能为力，但应用程序仍可共同使用两个版本（关于 OpenGL ES 在 Android 设备上的分布状态，读者可访问 http://developer.android.com/about/dashboards/index.html。图 1.2 显示了对应的分布图）。

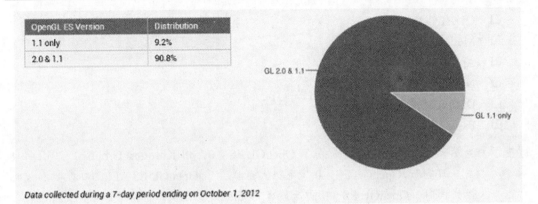

图 1.2　OpenGL 版本分布图

【提示】为了展示 ES 1.x 和 ES 2.0 API 在程序中的应用，本章提供了 GLESACTIVITY
　　　程序的源代码，该应用程序包括两项活动内容，即 Main 和 Second。其中，Main
　　　采用了 ES 1.x 版本，而 Second 则使用了 ES 2.0 版本。若将该应用程序载入至
　　　Eclipse 工作区，可在 File Menu 下选择 Import，并于随后导入 Chapter1 文件夹
　　　中的 glesactivity.zip 包文件。

　　从图 1.2 中可以看到，OpenGL ES 2.0 分布广泛，因为其得到了 CPU 和 GPU 制造商
的大力支持（读者可访问 http://www.khronos.org/conformance/adopters/conformant-
products# opengles，以获得支持 ES 1.x/2.0 产品的完整的公司列表）。自 2010 年起，下列
GPU/CPU 厂商均提供了基于 Android 的 OpenGL ES 2.0 版本支持：

- ❑　NVIDIA。
- ❑　AMD。
- ❑　Imagination Technologies。
- ❑　ARM。
- ❑　Texas Instruments。
- ❑　STMicroelectronics。

Khronos 提供了免费的应用许可，但相关厂商并未声称某一产品具有"兼容性"，除
非相关技术通过一致性测试。下列内容为针对各类嵌入式设备的 OpenGL ES 2.0 实现厂商：

- ❑　Intel。
- ❑　Marvell。
- ❑　NVIDIA。
- ❑　Creative Technology Ltd.。

❑ QUALCOMM。

❑ MediaTek Inc.。

❑ Apple, Inc.。

❑ NOKIA OYJ。

❑ Digital Media Professionals。

❑ Panasonic。

【提示】虽然大多数嵌入式平台采用了 OpenGL ES 2.0，但 Khronos Group 在 2012 年 8 月 6 日宣布，OpenGL ES 3.0 规范极大地提升了 OpenGL ES API 的功能性和便携性。同时，OpenGL ES 3.0 向后兼容 OpenGL ES 2.0，并添加了诸多最新视效。读者可访问 http://www.khronos.org/registry/gles/下载完整的规范和参考资料。

1.3　创建 OpenGL 表面视图

Android SDK 可简化基于 Android 设备的 ES 2.0 应用程序的开发难度。当使用该 SDK 创建此类应用程序时，无须使用到外部库（对于 iPhone 设备的 ES 2.0 开发人员而言，这可视为一项沉重的负担）。

除此之外，还存在另一种 Android ES 2.0 应用程序的开发方式，即使用 NDK（Native Development Kit）。某些时候，与 SDK 相比，NDK 可提升应用程序的运行速度。用户可通过 NDK 使用原生语言，例如 C 和 C++语言。因而可采用应用更为广泛的、采用 C/C++语言编写的库，但复杂度相应有所提升。新晋 ES 2.0 应用程序开发人员可能会感觉难以处理，因而 NDK 或许会起到相反的效果。一般情况下，NDK 可视为高级 Android 开发人员的有效工具。采用 SDK 和 NDK 开发的 ES 2.0 应用程序，二者间的性能差异并不明显。

【提示】NDK 并非面向编码语言，例如，用户偏爱 C/C++语言编写应用程序。相反，NDK 仅出于性能考虑。另外，Dalvik VM 速度也将有所提升，进而减少 SDK 和 NDK 之间的性能差异。

1.4　确定 OpenGL ES 版本

为了进一步描述 Android 设备上 ES 2.0 应用程序的开发简单性，下面将介绍一个相对简单的示例，并创建 OpenGL 表面视图。该视图不同于针对大多数 Android 应用程序创建的 XML 视图（UI 布局）。第 3 章将对 OpenGL 表面视图进行深入讨论。

在深入介绍该示例之前，用户需要确定当前 Android 设备上的 OpenGL ES 版本。对此，可生成空 Activity，相关步骤如下：

（1）在 Eclipse 工具栏中单击图标并开启安装向导，进而创建新的 Android 项目。

（2）取消选中 Create custom launcher icon 复选框并单击 Next 按钮，如图 1.3 所示。

【提示】或许用户已习惯使用 SDK 的早期版本，其中缺少了新版本中的某些工具。此处，应确保相关工具通过 SDK Manager 安装完毕。若用户离线工作，则应适时更新 SDK。

（3）对于 Create Activity，可选择 BlankActivity 并单击 Next 按钮，仅当针对平板电脑开发应用程序时，方可选择 MasterDetailFlow，如图 1.4 所示。由于本书并不讨论平板电脑的开发过程，因而仅使用 BlankActivity。

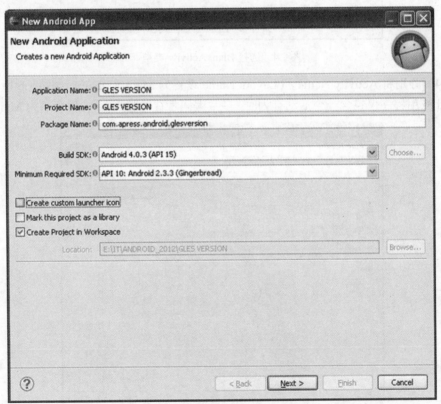

图 1.3　创建新的 Android 应用程序

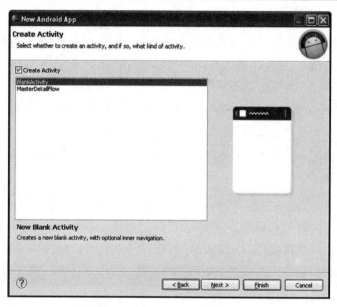

图 1.4　选择 BlankActivity 类型

（4）分别将 Activity Name 和 Layout Name 设置为 Main 和 main，如图 1.5 所示。当 Android 应用程序仅包含一个活动行为时，多数编码者往往将 Java 文件命名为 Main.java。

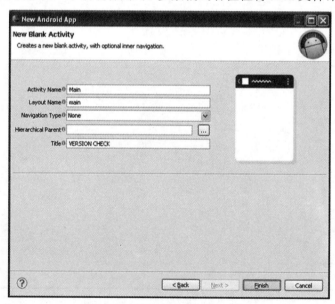

图 1.5　创建新的空 Activity

（5）若已安装了 Android Support Library，则可单击 Finish 按钮。否则，可单击 Install/Update 按钮，待安装完毕后，可单击 Finish 按钮（需要注意的是，若使用早期 ADT 插件，则无法获得该选项以安装 Android Support Library）。

待空 Activity（Main.java）创建完毕后，针对未使用的导入内容，SDK 将显示与其相关的警告信息，如图 1.6 所示。若移除此类警告消息，可执行下列步骤：

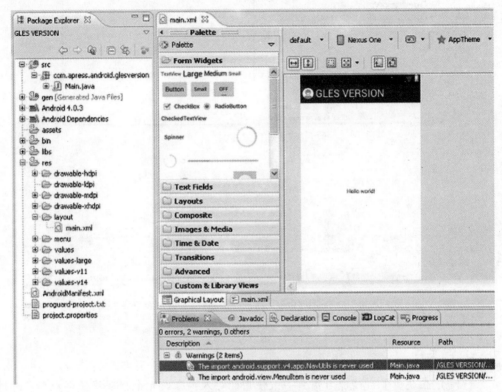

图 1.6　项目警告内容

（1）在 Problems 视图中，单击 Warnings 附近的"+"图标，进而显示警告列表。

（2）双击任一条警告信息，SDK 将编辑游标移至包含该警告消息的一行处。

（3）此时，按 Ctrl 键和数字键 1。随后，SDK 将给出移除警告消息的建议方式。

（4）选择 Organize imports 选项，对应警告消息将被移除，如图 1.7 所示。

（5）若警告消息仍然存在，则可通过 Eclipse 中 Project 菜单下方的 Clean 命令清除当前项目，如图 1.8 所示。由于 Eclipse 调整后并不会更新项目的二进制数据，因而清除操作可对其予以更新或刷新。

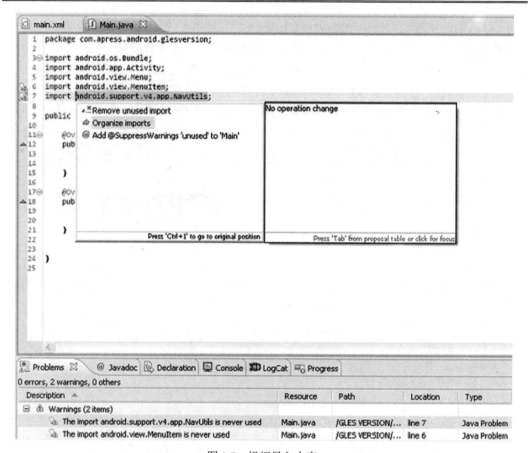

图 1.7　组织导入内容

【提示】虽然无须从应用程序中移除全部警告信息（应用程序可与此类警告消息协同工作），但仍需养成清除习惯——未使用的导入内容或冗余代码将使得应用程序过于庞大。

少数警告信息行目前处于无效状态。本书后续章节将对某些示例加以处理，其中，相关信息行经整合后可提升应用程序的性能。Android 的 lint 工具可高亮显示警告信息，某些时候可对二进制数据进行优化。但此类情形并不经常出现，因而应适时清除警告信息。

待移除警告信息后，可通过程序清单 1.1 替换项目 res/layout/main.xml 中的全部（XML）UI 布局。需要注意的是，程序清单 1.1 和默认的 UI 布局（源自空 Activity 模板）间的主要差别在于根标签 RelativeLayout。

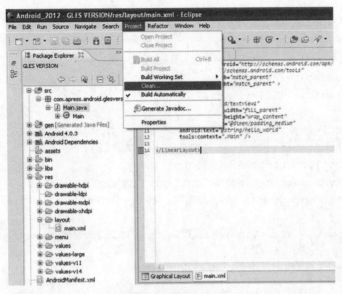

图 1.8　清除当前项目

程序清单 1.1　GLES VERSION/res/layout/main.xml

```
<LinearLayoutxmlns:android="http://schemas.android.com/apk/res/android"
    xmlns:tools="http://schemas.android.com/tools"
    android:layout_width="match_parent"
    android:layout_height="match_parent" >

<TextView
    android:id="@+id/textview1"
    android:layout_width="fill_parent"
    android:layout_height="wrap_content"
    android:padding="@dimen/padding_medium"
    android:text="@string/hello_world"
    tools:context=".Main" />

</LinearLayout>
```

程序清单 1.1 将 TextView 置于屏幕上，该 TextView 在任意方向上与当前屏幕等宽，其 id 表示为 textview1。除此之外，填充尺寸和文本分别定义于项目 res/values 文件夹的 dimens.xml 和 strings.xml 文件中。

当前，可使用源自程序清单 1.2 的 onCreate 方法替换空 Activity（Main.java）的 Main.java 方法，如下所示。

程序清单 1.2　　GLES VERSION/src/com/apress/android/glesversion/Main.java

```java
@Override
public void onCreate(Bundle savedInstanceState) {
    super.onCreate(savedInstanceState);
    setContentView(R.layout.main);

    finalActivityManageractivityManager = (ActivityManager)
    getSystemService(Context.ACTIVITY_SERVICE);
    finalConfigurationInfoconfigurationInfo =
    activityManager.getDeviceConfigurationInfo();
    finalboolean supportsEs2 = configurationInfo.reqGlEsVersion>= 0x20000;

    TextViewtv = (TextView) findViewById(R.id.textview1);
    if (supportsEs2) {
      tv.setText("es2 is supported");
    } else {
      tv.setText("es2 is not supported");
    }
}
```

　　程序清单 1.2 中的 onCreate 方法获取设备的配置属性，并据此检测运行于当前设备上的 OpenGL ES 版本。随后，通过 id（textview1）获取应用程序 UI 布局中的 TextView，并根据其 setText 方法显示最终结果。

　　当前，应用程序处于可用状态。然而，在真实设备上运行该应用程序之前，应首先在 Android 模拟器上测试该应用程序。若用户尚未创建虚拟设备，可开启 AVD 管理器并完成下列各项步骤：

　　（1）单击 New 按钮，打开窗口并创建一个新的虚拟设备。

　　（2）将当前虚拟设备命名为 IceCreamSandwich。另外，还可对该名称进行调整，以显示虚拟设备的分辨率。

　　（3）在 Target 下，选择 API level 15，如图 1.9 所示。

　　（4）输入 SD 的尺寸。

　　（5）开启 Snapshot，以避免每次启动虚拟设备时检测 Android 启动顺序。

　　（6）当在特定分辨率下创建虚拟设备时，可选择内建皮肤。

　　（7）单击 Create AVD 按钮，生成虚拟设备。

　　AVD Manager 将占用些许时间配备虚拟设备。待虚拟设备成功创建后，将以绿色勾号列于 AVD Manager 中的起始处。这里可选择已创建的虚拟设备并单击 Start 按钮。

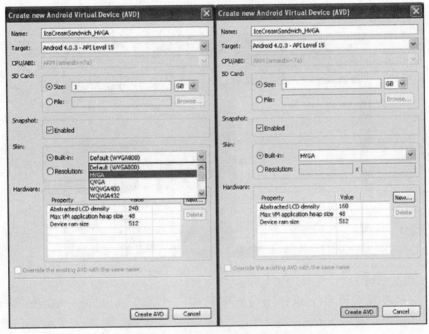

图 1.9　使用 AVD 管理器

当设备启动并开启 Snapshot 时，设备将从终止处启动。当主画面在虚拟设备中可见时，将返回至 Eclipse 并运行当前应用程序，如图 1.10 所示。

图 1.10　Android 模拟器的 IceCreamSandwich 示例

截止到目前为止，Android 仅支持 ES 1.x（某些主机通过 ES 2.0 支持模拟器的 GPU

访问操作，但多数 Android 模拟器仅支持 ES 1.x，如图 1.11 所示）。

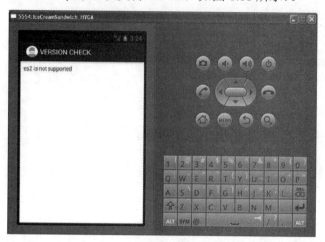

图 1.11　模拟器并不支持 ES 2.0

目前，可在真实设备上运行当前应用程序（此处在 Motorola Milestone 上运行 Gingerbread 示例，对应 Android 版本为 2.3.3，如图 1.12 所示）。随后，可关闭模拟器，并通过 USB 连接手持设备。返回 Eclipse 并再次运行应用程序。

图 1.12　在 Motorola Milestone 上运行 Gingerbread 示例

若设备显示 es2 is not supported，则可在支持 ES 2.0 的另一台设备上运行该程序。相应地，若当前设备支持 ES 2.0，如图 1.13 所示，则可创建 OpenGL 表面视图。对此，首先需要创建一个新的 Android 应用程序。

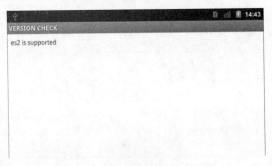

图 1.13　Motorola Milestone 支持 ES 2.0

1.5　创建 OpenGL 表面

待新的 Android 应用程序创建后，如图 1.14 所示，可打开 Main.java，并通过程序清单 1.3 中的代码替换该文件中的内容。表 1.1 列出了各代码行的具体描述。

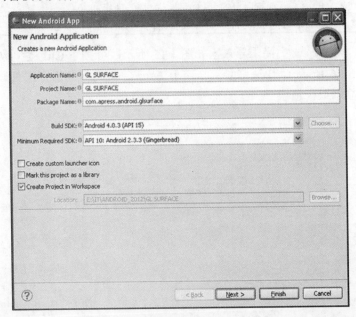

图 1.14　针对 OpenGL 表面视图应用程序，创建新的 Android 应用程序

程序清单 1.3　GL SURFACE/src/com/apress/android/glsurface/Main.java

```
public class Main extends Activity {
    privateGLSurfaceView _surfaceView;
```

```
@Override
public void onCreate(Bundle savedInstanceState) {
  super.onCreate(savedInstanceState);
  _surfaceView = new GLSurfaceView(this);
  _surfaceView.setEGLContextClientVersion(2);
  _surfaceView.setRenderer(new GLES20Renderer());
  setContentView(_surfaceView);
}

}
```

表 1.1　onCreate 方法中的代码行描述

行　　数	描　　述
1	调用父类 Activity 的 onCreate 方法，该方法将 Bundle 作为参数
2	通过调用 view 构造方法 GLSurfaceView，请求 OpenGL 表面视图，并将 Context 作为参数
3	设置 OpenGL ES 的版本（当前为 ES 2.0），以供当前上下文的表面视图使用
4	启动独立的渲染器线程，进而开启渲染（绘制）操作
5	setContentView 将_surfaceView 对象设置为内容视图

　　由于 GLSurfaceView 类尚未导入，如图 1.15 所示，可按下 Ctrl 键和数字键 1 快速修复错误，如图 1.16 所示（"快速修复"常用于 Eclipse 中的问题修正工具）。SDK 将导入该类，随后只显示一个错误。

图 1.15　调整 Main 类模板代码后的错误信息

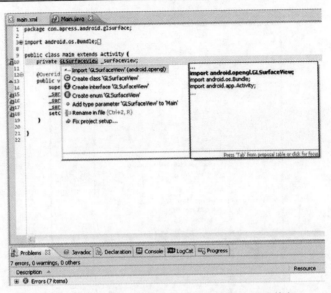

图 1.16　使用 Ctrl 键和数字键 1 后的快速错误修复

当修复最后一个错误时，需要创建 GLES20Renderer 类。然而，SDK 可自动执行该步骤，因而可对其进行快速修复。如图 1.17 所示，可选择第一个选项，进而生成 GLES20Renderer 类，这将实现 GLSurfaceView.Renderer 接口，如图 1.18 所示。

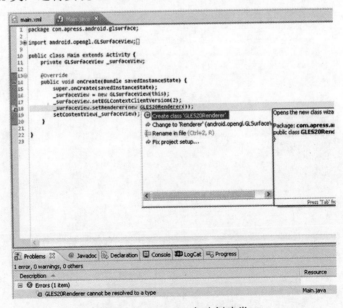

图 1.17　Android 自动创建类

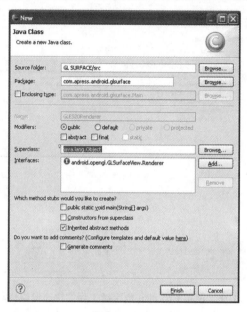

图 1.18　GLES20Renderer 类实现了 GLSurfaceView.Renderer 接口

待 Android 创建 Renderer 类后，如图 1.19 所示，用户可查看 Problems 视图中的警告信息，这取决于所使用的 ADT 版本，其中包括：

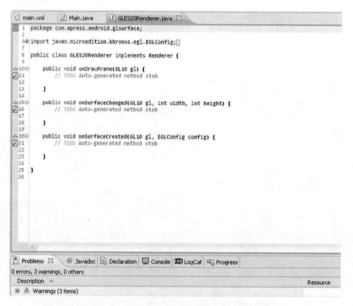

图 1.19　GLES20Renderer 类自动生成的方法

❑　import android.support.v4.app.NavUtils 未使用。

❑　import android.view.Menu 未使用。

❑　import android.view.MenuItem 未使用。

此类警告信息用于表明 Main.java 文件中未使用的导入数据。当使用 Eclipse 时，可快速修复上述警告信息。最后，可使用程序清单 1.4 中的代码替换 GLES20Renderer 类。此时，可看到一条错误消息 GLES20 cannot be resolved to a variable，其原因在于尚未导入 android.opengl.GLES20 类，因此须导入该类。

程序清单 1.4　GL SURFACE/src/com/apress/android/glsurface/GLES20Renderer.java

```
public class GLES20Renderer implements Renderer {

    public void onSurfaceCreated(GL10 gl, EGLConfigconfig) {
      GLES20.glClearColor(0.0f, 0.0f, 1.0f, 1);
    }

    public void onSurfaceChanged(GL10 gl, int width, int height) {
      GLES20.glViewport(0, 0, width, height);
    }

    public void onDrawFrame(GL10 gl) {
      GLES20.glClear(GLES20.GL_COLOR_BUFFER_BIT|GLES20.GL_DEPTH_BUFFER_BIT);
    }

}
```

【提示】程序清单 1.4 调整了 GLES20Renderer 类中自动生成的方法序列，并显示了此类方法的实际调用序列。通过观察可知，针对参数 gl 的类型 GL10，其功能可描述为：GL10 表示为实现了 GL 的公共接口，GLES20Renderer 类须实现 GLSurfaceView 的继承抽象方法。Renderer 接口及其相关方法可采用 GL10 参数类型。

待移除全部错误和警告信息后，即可运行当前应用程序。此时将显示一个 OpenGL 视图表面，如图 1.20 所示。

读者应仔细分析该应用程序的程序清单（程序清单 1.3 和程序清单 1.4），理解项目的结构和控制流可加速学习过程。另外，第 2 章和第 3 章将阐述该应用程序的细节内容，其中包括类、Renderer 接口以及所使用的 ES 2.0 函数。

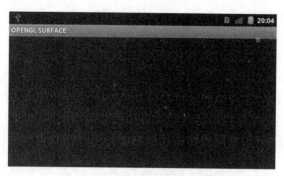

图 1.20　空的 OpenGL 表面视图

1.6　ES 2.0 的强大功能

如前所述，OpenGL ES 2.0 源自 OpenGL 2.0 API，即桌面级硬件的可编程图形渲染管线。若读者理解了 ES 2.0 可编程管线背后的内容，即可快速掌握 OpenGL 2.0 API。再次强调，API 针对桌面级系统而非嵌入式设备，根据 OpenGL API，读者通过多种编程语言创建 3D 图形应用程序，例如 Python、C 和 C++语言。类似于 Python、C 和 C++ API，还存在其他可编程图形渲染 API（针对不同平台）。当读者熟悉了 OpenGL ES 2.0 API 后，可快速理解其他 API，其中包括：

❑　Direct3D，也是基于可编程管线制定（MicrosoftDirectX SDK 中的 3D 图形 API），并采用 NET Framework 进行编码，而非 Java。若读者理解 NET Framework 并可通过 C#编写代码，则可查看针对 Windows 和 Xbox 的 XNA，其中，XNA 可视为一类工具集，并用于简化视频游戏的开发。XNA Framework 基于.NETFramework，针对可编程管线的 2D/3D 游戏，可视为一种较为流行的框架。

❑　对于游戏开发而言，Stage3D 及其子集 Starling 可确定为 ActionScript 3 框架（2D/3D）。Stage3D 通过 Flash Player 11 和 AIR3 提供了桌面级操作。如果读者熟悉 ActionScript 3 中的编码方式，即掌握了针对 Adobe 可编程管线游戏开发的先决条件。

❑　WebGL（Web Graphics Library）表示为网络浏览器中 2D/3D 交互式图形渲染的 JavaScript API，且无须使用到插件，并可与 HTML 混合使用。当与 WebGL 结合使用时，存在多种 JavaScript 库，three.js 是一种 HTML 5 Canvas 所采用的跨浏览器 JavaScript 库。WebGL 同样依据 OpenGL ES 2.0 加以制定，类似于 OpenGL/OpenGL ES，WebGL 也由 Khronos 设计并维护。Google Maps 即是一款十分流行的 WebGL 应用程序。除此之外，Chrome Experiments 中也涵盖了 WebGL

所支持的各种应用程序，如图 1.21 所示。

图 1.21　Chrome Experiments

Chrome Experiments 体现了创新型的网络体验，其中，大量的应用程序采用最近的开源技术构建，包括 HTML 5、Canvas、SVG 和 WebGL，这也是来自全世界的艺术家和程序员的智慧结晶[①]。

虽然 Chrome 浏览器中加入了全新体验，但 Mozilla Firefox 以及 Safari 等浏览器也能运行大多数应用程序。

1.7　关于开发人员

大多数 Android（超过 90%）可运行 OpenGL ES 2.0 版本，然而，某些开发人员并不能完全掌握相关功能，其原因在于，游戏供应商（例如桌面级设备、游戏机以及手持设备）针对游戏研发自身的框架/引擎，且不会完全依据 ES 2.0。另外，此类框架并非针对多泛型（multi-paradigm）游戏程序设计。相反，对应框架采用面向对象技术，并实现了基于游戏的各元素整合的整体设计，主要包括以下元素。

❑　屏幕：包括启动画面、选项画面以及游戏画面。

❑　输入：包括键盘输入、触摸输入、源自按钮操作的 UI 输入、源自运动传感器的

---

① 参见 http://www.chromeexperiments.com/about/。

输入（例如加速计），以及位置传感器（例如磁力计），且大多在 Android 设备上十分常见。

❑ 音频：欢迎画面和得分音效、玩家/地方角色移动和攻击音效、选项音效以及游戏中的其他音效。

此类游戏框架的构建和测试将会花费些许时间，相应地，构架框架占用的时间越长，则游戏类型将呈现更为丰富的内容。关于 Android 游戏的完整框架，大量的参考资料均对此有所涉及，例如，Mario Zechner 和 Robert Green 编写的 *Beginning Android Games, Second Edition* 一书（Apress 出版社 2012 年出版）。该书介绍了与 Android 游戏框架构建方式相关的完整理念。然而，该书中涉及的渲染类均在 ES 1.0 基础上编写，这也意味着一旦读者理解了 ES 2.0，即可将 ES 1.x 转换至自定义风格的 ES 2.0 功能。

若游戏开发人员使用基于手持设备的开源或专利型框架/引擎（采取固定功能管线），则 ES 2.0 会产生较大的问题。当然，开发人员可借此机会学习 ES 2.0，或成为一名 ES 2.0 游戏框架开发人员。鉴于 ES 2.0 以及游戏框架开发人员的数量较少，因而大多数游戏程序员也承担了框架开发程序员这一角色。

下列 Android 游戏均在 OpenGL ES 2.0 的基础上加以编写：

❑ Death Rally 是一款激烈的战斗型动作类游戏，其中包含了车辆、枪械以及大量的爆炸效果，如图 1.22 所示。该游戏在全世界范围内拥有超过 1100 万用户，体验数量则不下 6 千万次[①]（读者可访问 http://remedygames.com 获取更多内容）。

图 1.22　Remedy Entertainment 出品的 Death Rally 游戏

❑ 与现有的、Android 爱好者编写的移动基准测试程序不同，Electopia OpenGL ES 2.0

---

① 参见 http://remedygames.com。

测试程序由游戏开发领域的专家发布，并展示了更为高级、真实的移动游戏特征，如图 1.23 所示。Electopia 提供了精确的图形性能测量机制，其他特点还包括将 GPU 性能从其他系统因素中分离开来，例如 LCD 分辨率[①]（关于 Electopia 和 Tactel 的更多信息，读者可访问 http://electopia1.android.informer.com/）。

图 1.23　Tactel AB 发布的 Electopia 程序

❑ 车辆抖动、轮胎燃烧则构成了 Raging Thunder 游戏中的画面特征，玩家可操控庞大的肌肉车型。玩家可与时间竞速，CPU 负责控制敌方角色。另外，游戏中还可包含其他 3 名竞速选手，如图 1.24 所示[②]。读者可访问 https://play.google.com/store/apps/details?id=com.polarbit.ragingthunder 获取与 Raging Thunder 相关的更多内容。

图 1.24　polarbit 发布的 Raging Thunder 游戏

[①] 参见 http://electopia1.android.informer.com/。

[②] 参见 https://play.google.com/store/apps/details?id=com.polarbit.ragingthunder。

1.8　本 章 小 结

本章介绍了 ES 1.x 和 2.0 API 之间的差异，鉴于 CPU/GPU 硬件厂商对可编程管线的不同程度的支持，这一差异性将会持续存在。

本章还讨论了针对不同平台的可编程图形渲染 API，其中也涉及了某些浏览器，进而展示 ES 2.0 应用程序的构建方式，以及 Android SDK 中 API 应用的简易性。

在深入介绍基于 ES 2.0 的 3D 图形渲染之前，第 2 章将探讨基于 UI 的 OpenGL ES 技术，例如按钮和运动/位置传感器。

第2章 预 备 知 识

本章并未直接涉及 ES 2.0 内容，主要介绍了诸如设备输入等方面的预备知识。当与设备输入协同工作时，大多数编码人员均会犯下不同程度的错误。同时，设备输入在 ES 2.0 应用程序交互时扮演了重要的角色，除非读者已深入理解设备输入以及场景后的工作类。

在深入讨论可编程管线的基本知识之前，本章将介绍手持设备上的 UI 应用方式，随后将会使用屏幕画面和传感器获得输入，进而对游戏对象移动实现移动和动画操作。

2.1　选择开发设备

对于交互式图形应用程序，例如游戏，较好的画面可给用户留下深刻的印象，这需要满足某些特定条件。其中，时间延迟可视为较为重要的因素。某些时候，当与图形应用程序交互时，常会产生延迟现象，这在游戏体验中体现得尤为明显。若干毫秒即可对玩家的整体游戏过程产生负面影响，因而时间延迟通常难以令人接受。若开发人员忽略此类问题，玩家也会毫不留情地抛弃该游戏产品，并转而体验其他类似的非延迟游戏。

尽管在早期 Android 版本中这并非是严重问题，然而，基于 Gingerbread 开发的图形应用程序难以忍受此类延迟行为（具体原因可参考 http://www.badlogicgames.com/wordpress/?p=1315）。除此之外，在 Google 主持的 Google IO 2011: Memorymanagement for Android Apps 会议上，相关人士指出，pre-Gingerbread 垃圾回收机制可视为导致应用程序时间延迟的主要原因（尽管该应用程序自身也存在缺陷）。

在编写本书时，少于 6% 的 Android 设备分别配备了 Donut、Éclair 或 Froyo 版本，用户通常会更新至 Gingerbread。最终，Gingerbread 的比例至少占据了 Android OS 版本分布的 40%，如图 2.1 所示。

【提示】http://developer.android.com/about/dashboards/index.html 中介绍了 Android OS 的版本分布信息，图 2.1 显示了对应的图表。

大型应用程序的调试版本通常慢于优化后的导出 Apk 版本。若用户正在开发 Android 的 Gingerbread 之前的版本，垃圾收集器将进一步减缓应用程序的运行速度（包括调试版本和导出后的 Apk 版本）。该问题往往难以处理，Gingerbread 之后的版本方提供了相对快速的（并行）垃圾收集器。因此，当着手开发交互式图形应用程序时（无论 ES 1.x 版本或 ES 2.0 版本），应对这一类问题予以关注。

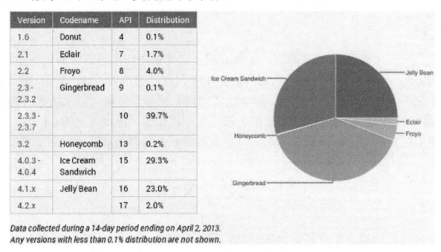

Version	Codename	API	Distribution
1.6	Donut	4	0.1%
2.1	Eclair	7	1.7%
2.2	Froyo	8	4.0%
2.3 - 2.3.2	Gingerbread	9	0.1%
2.3.3 - 2.3.7		10	39.7%
3.2	Honeycomb	13	0.2%
4.0.3 - 4.0.4	Ice Cream Sandwich	15	29.3%
4.1.x	Jelly Bean	16	23.0%
4.2.x		17	2.0%

Data collected during a 14-day period ending on April 2, 2013.
Any versions with less than 0.1% distribution are not shown.

图 2.1　Android OS 版本分布状态

2.2　选　择　输　入

　　游戏体验通常会使用到输入功能（或控制行为），进而展现相应的游戏逻辑。在手持设备上，此类输入功能涉及基本的 UI（按钮-视图、进度条以及触摸操作等）、运动-位置充电器和外围设备。虽然业界不断涌现的创新产品在一定程度上提升了游戏体验，例如 Zeemote 这一类源自控制器制造厂商的外围设备，但开发人员依然需要降低外部输入需求（图 2.2 显示了通过蓝牙接驳的 Android 设备）。开发人员甚至还须进一步降低（或优化）本地手持设备上的 UI 应用，例如按钮-视图以及运动-位置传感器。毕竟，移动设备游戏体验的优势在于便携性、屏幕触摸按钮、手指滑动以及传感器等因素。

　　休闲类游戏、塔防类游戏以及益智类游戏往往是手持设备上的主流游戏，其中，UI 设计（布局、视觉元素以及传感器的应用）的创新性和简单性广泛地被各类人群所接受，并出现于各种设备上，无论是使用按钮令角色跳跃，或者经触摸后定位至木桶处并采集水果，如图 2.3 所示。

　　大多数 Android 设备均提供了强大且功能丰富的 UI，此类游戏中简单的 UI 设计无法反映出底层硬件的极限。UI 设计应尽可能地简单，进而简化游戏体验难度。

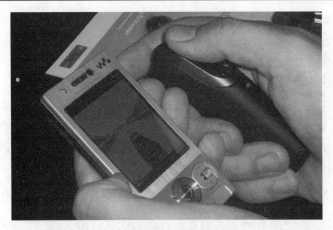

图 2.2 Zeemote JS1 游戏控制器

图 2.3 MetaDesign Solutions Pvt Ltd 出品的 Catchy Basket 游戏

虽然目前尚未介绍 ES 2.0 的图形渲染方式，但为了进一步理解 UI 设计（针对游戏体验中的输入），此处先引入 3D 图形渲染 API 特征，即 3D 转换。3D 转换通过数学操作改变对象的尺寸、方向以及位置，例如矩阵乘法运算。相应地，存在 3 种 3D 转换类型，如下所示：

❑ 几何形状或模型转换。

❑ 坐标或视图转换。

❑ 透视或投影转换。

在当前阶段，通过几何形状转换（模型转换）已然可较好地理解游戏 UI。几何形状转换包含下列 3 种类型。

- ❏　平移转换：将对象移至某一新位置。
- ❏　缩放转换：改变对象的尺寸。
- ❏　旋转转换：围绕某一中心位置旋转对象。

在几何形状转换中，对象被转换至新的位置（平移转换）、新的尺寸（缩放转换）或新的外观形态（旋转转换），此类转换通过几何转换矩阵实现。因此，平移转换可采用平移矩阵完成，缩放转换可采用缩放矩阵，而旋转则通过旋转矩阵予以实现。

【提示】相应地，可将多个转换整合至单一矩阵中，当前并不打算介绍这一相对高级的概念。第 3 章将阐述组合转换，并采用 Android 矩阵数学工具。

图 2.4 显示了飞船对象躲避来袭的岩石。此处假设该图像表示为游戏中的 3D 场景。其中，飞船对象的运动限定于 x 和 y 轴。此处，沿 x 轴平移（即较长箭头所指的方向）可视为躲避岩石的唯一方式，在图形渲染 API 中，这仅可通过平移转换加以实现。

图形渲染 API 可将矩阵与对象进行关联，以对其执行动画操作。对于沿 x 轴的运动行为，API 持续更新与当前对象关联的平移矩阵。对于沿 x 轴的平移转换，仅需计算沿 x 轴的移动数量。因此，针对正 x 轴和负 x 轴的运动，仅需实现包含按钮的 UI 设计即可。这里，针对躲避来袭的岩石对象，两个按钮已然足够——分别处理左移和右移。

【提示】本书采用横向模式，当与游戏布局协同工作时尤其如此。横向模式提供了更为宽广的视域，因而 UI 元素（例如按钮-视图和进度条）可获得更加自由的布局方式。

与游戏机不同，手持设备并不包含控制器。大多数手持设备上的游戏通过屏幕定位视觉元素，后者常用于游戏体验过程中的输入项。不同于平板电脑的宽大屏幕，移动设备屏幕通常尺寸有限。因此，待游戏 UI 设计完毕后，需要减少视觉元素所占据的区域，例如按钮-视图，进而避免 UI 和 GPU 之间的混乱关系。这里，读者可能会对游戏 UI 渲染（诸如按钮-视图和进度条等视觉元素）和 OpenGL GPU 渲染机制之间的关系有所疑问，第 3 章将深入讨论这一关系。下面的示例有助于读者理解游戏 UI 和 OpenGL 渲染机制间的实际差异。

在图 2.4 中，两个按钮分别用于沿正 x 轴和负 x 轴移动对象。通过在逻辑上将屏幕划分为两个均等部分，如图 2.5 所示。此处可通过 MotionEvent.getX 方法获得触摸点的 x 坐标，若该值小于屏幕中点的 x 坐标，则模拟左按钮触摸，并向左侧平移对象，其他情形则通过触摸按钮完成。该模拟过程处于控制状态下，针对半屏触摸的条件代码块可处理矩阵更新代码。此类创新模式可有效地利用移动设备的屏幕空间。

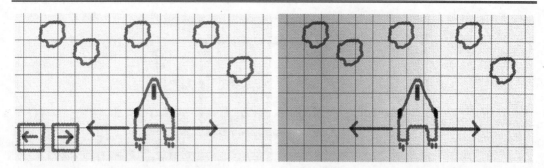

图 2.4　采用 UI:Buttons 进行平移　　　　　　　图 2.5　采用 UI:Screen 进行平移

【提示】Android 应用程序中的各个视效元素（继承自 View）可通过 setOnTouchListener
　　　方法实现触摸监听器，该方法针对回调方法 onTouch 注册一个监听器，并在触
　　　摸事件发送至对应视效元素时被调用。onTouch 方法接收两个参数（View 和
　　　MotionEvent 类型）。其中，View 参数针对触摸事件传递的视图（视效元素），
　　　而 MotionEvent 参数包含了与该事件相关的全部信息（例如触摸点的 x 和 y 坐
　　　标，并通过 MotionEvent 类的 getX 和 getY 方法予以访问）。

　　除了平移转换之外，旋转可视为游戏中较为常见的几何转换。类似于平移矩阵，图
形渲染 API 可将旋转矩阵与对象进行关联。同样，旋转也可通过多种方式实现。这里，
可在逻辑上针对顺时针-逆时针旋转划分当前屏幕，使用按钮实现旋转操作，或采用运动
和位置传感器对不同类型的旋转检测左、右方向上的倾斜现象。某些时候，平移可自动
实现，因而屏幕可用于向后转操作。通过该方式，可节省大量的屏幕空间并将其留与游
戏视觉体验。

2.3　Tank Fence 游戏

　　前述内容解释了游戏输入与对象转换之间的必要关系（使用图形渲染 API），下面将
对一款示例游戏加以介绍。
　　该游戏名为 Tank Fence，作为一款相对简单的 3D 射击游戏，玩家负责控制坦克并将
入侵者防范于领地之外。该游戏的 UI 由负责坦克前、后移动的按钮，发射按钮，以及负
责坦克旋转的触控（或选择使用运动和位置传感器）构成，如图 2.6 所示。其中，负责坦
克前、后移动的按钮将更新与该对象关联的平移矩阵；而触控操作（或运动和位置传感
器）则更新与平移矩阵结合使用的旋转矩阵。

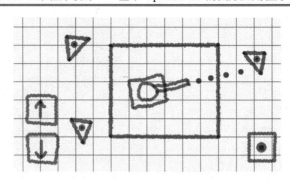

图 2.6　Tank Fence 游戏示意图

第 3 章将讨论 ES 2.0 的基础知识（包括缓冲区、GLSL、状态管理以及 3D 转换），第 4 章则使用 Blender 设计游戏对象（即坦克对象和敌方角色）。在此之前，首先讨论游戏菜单的制作过程。

2.4　创建游戏菜单

大多数游戏通过选项和设置菜单进行必要的初始化操作或设置。其中，主菜单在欢迎画面（通常展示游戏的 logo）之后显示，而当前游戏并未使用欢迎画面。另外，本节阐述游戏的基本特征，还将根据源代码介绍 GAME MENU 应用的功能。

在 Eclipse 的 File 菜单下，可选择 Import 以及 Existing Projects into Workspace 命令，并导入 Chapter2 文件夹中的 gamemenu.zip 文件，这将向当前工作区中加载 GAME MENU 应用程序。

需要注意的是，GAME MENU 应用程序结构类似于第 1 章中的 GL SURFACE 应用程序。不同之处在于，此处调整了入口点。针对 ListView（对应 id 为@android:id/list），Main.java 文件中的 Main 类扩展了 ListActivity 类，进而显示菜单选项。对应选项位于 res/values 文件夹下的 options.xml 文件内，如程序清单 2.1 所示。

程序清单 2.1　GAME MENU/res/values/options.xml

```
<resources>
  <string-array name="options">
    <item name="game">New Game</item>
    <item name="score">High Score</item>
    <item name="player">Edit Player</item>
    <item name="sound">Toggle Sound</item>
    <item name="data">Clear Data</item>
```

```
  </string-array>
</resources>
```

在 Main 类（该类位于 GAME MENU/src/com/apress/android/gamemenu/Main.java）的
onCreate 方法中，setListAdapter 被调用且针对 ListView 项设置默认格式，并根据 options.xml
文件获取字符串数组形式的显示选项（使用 getStringArray 方法）。为了模拟 ListView 中
各项的点击操作，Main 类实现了 OnItemClickListener 接口。

实际操作行为位于继承方法 onItemClick 中，当点击 ListView 中的某一项内容时，该
回调方法被调用。同时，该方法还提供了与点击项相关的大量信息。在当前阶段，需要
了解 ListView 中点击项的位置，该信息存储于 onItemClick 方法中的第三个参数中（int
arg2）。需要注意的是，列表中的第一项为位置 0。程序清单 2.2 显示了点击操作的处理方
式，如下所示。

```
            程序清单 2.2  GAME MENU/src/com/apress/android/gamemenu/Main.java
public void onItemClick(AdapterView<?> arg0,View arg1,int arg2,long arg3) {
 if (arg2 == 0) {
   startActivity(new Intent(Main.this, Game.class));
 }
 else if (arg2 == 1) {
   Dialog d = new Dialog(this);
   d.setContentView(R.layout.highscore);
   d.setTitle("High Score");
   d.show();
 }
 else if (arg2 == 2) {
   Dialog d = new Dialog(this);
   d.setContentView(R.layout.editplayer);
   d.setTitle("Edit Player");
   d.show();
 }
}
```

【提示】 对于 ListView 中的大多数点击处理，GAME MENU 应用程序设置了默认响应。
        当然，用户还可对此类响应进行扩展，但当前设置方案已然足够。

由于列表的显示顺序与 options.xml 文件中的对应项相同（程序清单 2.1 中的字符串
数组包含了该表），因而可方便地确定 if 代码段，并根据列表中的位置处理点击项。

在程序清单 2.2 中，针对 High Score 和 Edit Player 项的 if 代码块，相关代码调用一
个对话框，其样式定义于 res/layout 文件夹内。res/values 文件夹中的 dimens.xml 和

strings.xml 涵盖了该对话框的填充尺寸和文本内容，如图 2.7 和图 2.8 所示。

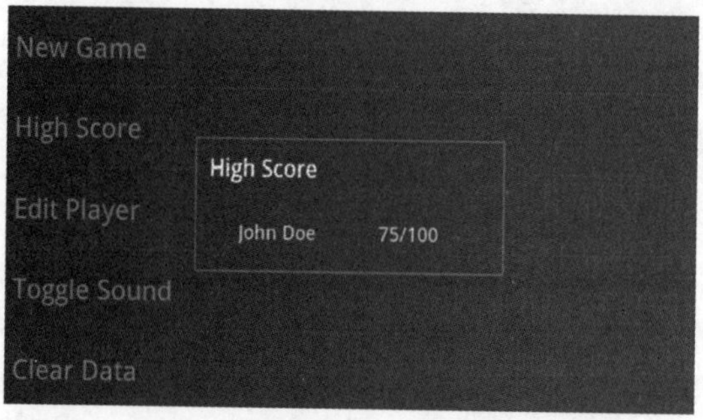

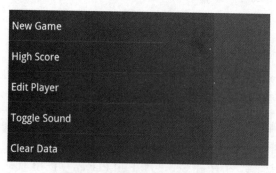

图 2.7　游戏菜单：High Score

图 2.8　游戏菜单：Edit Player

　　当点击后，New Game 项将启动一项新的活动，并在屏幕上显示一个 OpenGL 表面视图，如图 2.9 所示。该活动的 Java 类等价于 GL SURFACE 应用程序中的 Main 类，只是简单地进行重命名而已（另外，该活动的关联类 Renderer 也等同于 GL SURFACE 应用程序中的 GLES20Renderer 类）。

图 2.9　游戏菜单：New menu

为了确保 GAME MENU 应用程序占据全部屏幕,并以横向模式显示,AndroidManifest
.xml 文件中的全部元素应包含程序清单 2.3 中的属性和数据值,另外,表 2.1 显示了该程
序的具体描述。

程序清单 2.3 GAME MENU/AndroidManifest.xml

```
android:configChanges="keyboard|keyboardHidden|orientation"
android:screenOrientation="landscape"
android:theme="@android:style/Theme.NoTitleBar.Fullscreen"
```

表 2.1 程序清单 2.3 代码行描述

行 数	描 述
1	当配置变化时,提示 Android 避免执行默认的预置操作
2	设置横向模式
3	全屏操作

下面讨论另一个重要话题,即基于 XML 布局和视图的 OpenGL 视图。

2.5 利用 setContentView 和 addContentView 创建视图

对应活动内容可通过 setContentView 方法设置为一个显式的视图,该方法定义为
android.app.Activity 类中的 public 方法。当采用该方法时,View 对象直接置入当前活动的
视图层次结构中。该 View 对象可以是一个简单的按钮-视图(参见程序清单 2.4 和图 2.10),
或者自身也可以是一个相对复杂的视图层次结构,其中包含了各种布局和视图。

程序清单 2.4 SETCONTENTVIEW/src/com/apress/android/setcontentview/Main.java

```java
@Override
public void onCreate(Bundle savedInstanceState) {
  super.onCreate(savedInstanceState);

  Button button = new Button(this);
  button.setText("SETCONTENTVIEW");
  setContentView(button);
}
```

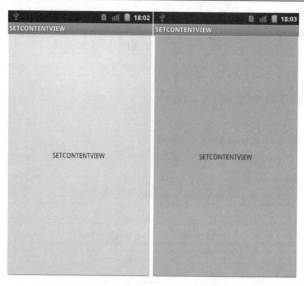

图 2.10　基于按钮-视图的 setContentView 方法

【提示】布局微件（例如 LinearLayout）以及视觉表达微件（例如程序清单 2.4 中的 Button）均为 android.view.View 类的子类。

　　在第 1 章中曾提及，setContentView 方法将 OpenGL 表面设置为当前活动的内容视图，该操作可行，其原因在于 GLSurfaceView(android.opengl.GLSurfaceView)表示为 View 子类。

　　在 Android 中，全部 OpenGL 渲染行为由 GLSurfaceView 控制。当通过诸如按钮-视图等视觉元素调整渲染结果时，须将其从 GLSurfaceView 中予以分离。对此，Android 提供一种较为方便的方法，即 addContentView 方法，具体内容表示为 method (addContentView(View view,LayoutParams params))。

　　addContentView 方法同样为 android.app.Activity 类中的 public 方法。与 setContentView 方法不同，addContentView 方法需要附加参数获取视图的布局信息。

　　当使用 addContentView 方法时，可向当前活动附加内容视图。在某一活动中，若传递至 setContentView 方法中的参数为 OpenGL 表面，且第一个参数为布局微件，则 OpenGL 表面位于布局微件下方，如图 2.11 所示。为了更好地理解该过程，下面创建一个新应用程序，具体步骤如下所示。

　　（1）单击设置向导创建一个新的 Android 项目。

　　（2）将当前应用程序和项目名称设置为 ADDCONTENTVIEW。

　　（3）取消选中 Create custom launcher icon 复选框并单击 Next 按钮。

　　（4）针对 Create Activity，选择 BlankActivity 并单击 Next 按钮。

图 2.11　基于 XML/UI 视图的 OpenGL

（5）分别将 Activity Name 和 Layout Name 设置为 Main 和 main。

（6）单击 Finish 按钮。

（7）将 GL SURFACE 应用程序中的 GLES20Renderer.java 和 Main.java 复制至 ADDCONTENTVIEW 应用程序包中（确认覆写 Main.java）。

Main.java 中的 setContentView(_surfaceView)方法（ADDCONTENTVIEW 应用程序）将 OpenGL 表面设置为当前活动的内容视图。目前，可添加一个布局微件（包含按钮-视图）作为附加内容视图，如程序清单 2.5 所示。

程序清单 2.5　ADDCONTENTVIEW/src/com/apress/android/addcontentview/Main.java

```
LinearLayout layout = new LinearLayout(this);
layout.setOrientation(LinearLayout.VERTICAL);
layout.setPadding(0, 200, 0, 0);
```

（1）在 Main.java 文件的第 16 行后（该行包含 setContentView 方法调用），添加程序清单 2.5 中的代码行，进而创建包含垂直方向和 200 像素顶部填充的 LinearLayout 布局（若用户使用 Eclipse，则可快速修复错误，并导入 android.widget.LinearLayout 类）。

（2）针对该布局创建两个按钮，分别将其命名为 Up 和 Down。

（3）当使用 setWidth 和 setHeight 设置按钮的宽度和高度后，可设置其布局参数，如程序清单 2.6 所示。

程序清单 2.6　ADDCONTENTVIEW/src/com/apress/android/addcontentview/Main.java

```
Button buttonUp = new Button(this);
buttonUp.setText("Up");
buttonUp.setWidth(110);
buttonUp.setHeight(85);
LinearLayout.LayoutParams layoutParamsButtonUp = new
LinearLayout.LayoutParams(
  LinearLayout.LayoutParams.WRAP_CONTENT,
  LinearLayout.LayoutParams.WRAP_CONTENT);
```

```
layoutParamsButtonUp.setMargins(0, 0, 0, 20);
Button buttonDown = new Button(this);
buttonDown.setText("Down");
buttonDown.setWidth(110);
buttonDown.setHeight(85);
LinearLayout.LayoutParams layoutParamsButtonDown = new LinearLayout.LayoutParams(
  LinearLayout.LayoutParams.WRAP_CONTENT,
  LinearLayout.LayoutParams.WRAP_CONTENT);
layoutParamsButtonDown.setMargins(0, 20, 0, 0);
```

【提示】若用户正在使用 Eclipse，则可对错误实施快速修复。

（4）最后，可向当前布局中加入上述按钮，并通过 addContentView 方法添加布局微件，作为辅助内容视图，如程序清单 2.7 所示。

程序清单 2.7　ADDCONTENTVIEW/src/com/apress/android/addcontentview/Main.java

```
layout.addView(buttonUp, layoutParamsButtonUp);
layout.addView(buttonDown, layoutParamsButtonDown);
layout.setGravity(Gravity.CENTER | Gravity.RIGHT);

addContentView(layout, new LayoutParams(LayoutParams.MATCH_PARENT,
  LayoutParams.MATCH_PARENT));
```

当采用 addContentView 方法时，诸如按钮-视图等视觉元素可方便地与 OpenGL 渲染操作分离，如图 2.11 所示。因此，OpenGL 可与基于 XML 的布局和视图结合使用，并通过 UI 方便地控制 OpenGL 表面的 3D 渲染操作。

【提示】此处可使用 LayoutInflater 扩展 XML 布局和视图，而非编写 Java 代码创建包含按钮-视图的布局微件。用户可借助 ADDCONTENTVIEW INFLATER 应用程序实现布局的扩展行为，该程序的输出结果如图 2.12 所示。

图 2.12　ADDCONTENTVIEW INFLATER 应用程序

2.6 XML 视图设计

下面对 ADDCONTENTVIEW 应用程序稍作调整,以实现相对美观的 XML 视图设计,对应结果也可用于 Tank Fence 游戏中,相关步骤如下:

（1）在 Main.java 文件中，清除 setContentView(_surfaceView)方法之后的 onCreate 方法中的全部代码行，方法体缩减为下列内容：

```
super.onCreate(savedInstanceState);
surfaceView = new GLSurfaceView(this);
surfaceView.setEGLContextClientVersion(2);
surfaceView.setRenderer(new GLES20Renderer());
setContentView(_surfaceView);
```

（2）在 setContentView 方法后添加程序清单 2.8 中的代码，进而创建 LinearLayout（包含 LayoutParams layoutParamsUpDown 和左下方重力），以使横向模式时 LinearLayout 远离后退按钮（稍后将 screenOrientation 设置为横向模式）。另外，快速错误修复功能（若存在此功能）可导入所需的类。

程序清单 2.8 SLEEK UI/src/com/apress/android/sleekui/Main.java

```
LinearLayout layout = new LinearLayout(this);
LinearLayout.LayoutParams layoutParamsUpDown = new LinearLayout.Layout
Params(
    LinearLayout.LayoutParams.MATCH_PARENT,
    LinearLayout.LayoutParams.MATCH_PARENT);
layout.setGravity(Gravity.BOTTOM | Gravity.LEFT);
```

（3）当扩展源自布局文件的 XML 视图时，通过调用 getSystemService(Context.LAYOUT_INFLATER_SERVICE)可访问扩展服务。

（4）创建 View 对象，并引用 inflater.inflate 方法返回的扩展视图（参见程序清单 2.9）。

程序清单 2.9 SLEEK UI/src/com/apress/android/sleekui/Main.java

```
LayoutInflater inflater = (LayoutInflater)getSystemService(Context.LAYOUT_
INFLATER_SERVICE);
View linearLayoutView = inflater
    .inflate(R.layout.updown, layout, false);
```

（5）针对未导入的类，待快速错误修复完成后，可将 main.xml 文件（位于 res/layout

文件夹内）重命名为 updown.xml 文件。

（6）将下列字符串资源（参见程序清单 2.10）添加至 strings.xml 文件中（位于 res/values 文件夹内）。

程序清单 2.10　SLEEK UI/res/values/strings.xml

```
<string name="up">UP</string>
<string name="down">DOWN</string>
```

（7）移除 updown.xml 文件中的全部代码行，并添加程序清单 2.11 所示的布局内容。

程序清单 2.11　SLEEK UI/res/layout/updown.xml

```
<?xml version="1.0" encoding="utf-8"?>
<LinearLayout xmlns:android="http://schemas.android.com/apk/res/android"
    android:layout_width="wrap_content"
    android:layout_height="wrap_content"
    android:layout_marginBottom="5dp"
    android:layout_marginLeft="5dp"
    android:background="@android:drawable/alert_dark_frame"
    android:orientation="vertical"
    android:paddingBottom="11dp" >

    <Button
        android:layout_width="90dp"
        android:layout_height="wrap_content"
        android:layout_marginBottom="25dp"
        android:contentDescription="@string/app_name"
        android:text="@string/up" />
    <Button
        android:layout_width="90dp"
        android:layout_height="wrap_content"
        android:contentDescription="@string/app_name"
        android:text="@string/down" />

</LinearLayout>
```

（8）通过调用 layout.addView(linearLayoutView)，将扩展视图（根据步骤（4））添加至 LinearLayout 布局中。随后，可调用 addContentView(layout, layoutParamsUpDown)，并作为辅助内容视图添加至当前布局中。

程序清单 2.11 中的布局可确保：

❑ 可使用尺寸较宽的按钮。这里，按钮至少应包含 90dp 的 layout_width 值，图形应用程序（例如游戏）需要用户持续与 UI 元素交互，例如按钮，因而因保持宽度尺寸适宜，以便于用户执行点击操作。

❑ LinearLayout 不应处于隐藏状态：应确保 LinearLayout 与屏幕左上角之间保持一定间距，且包含 5dp 的 layout_marginLeft 和 layout_marginBottom。

按钮应包含自身的颜色，并与其他视图区分。对此，可通过 android:background="@android:drawable/alert_dark_frame"语句设置深色背景，因而可方便地定位浅色按钮，进而在游戏体验过程中实现快速交互。基于边界和背景的布局应用可视为设计过程中较好的调试方式。

这里，应确保当前活动以横向模式占据全部屏幕，如图 2.13 所示。对此，可向应用程序清单文件中当前活动操作元素添加如程序清单 2.3 所示的代码。

图 2.13　基于 UI 的横向模式

2.7　与按钮和计数器类协同工作

下面讨论应用程序功能，并通过上述布局结果更新 OpenGL 表面的渲染机制。此处，可导入 Chapter2 文件夹内的 updowncounter.zip 文件，并将应用程序载入工作区内。

如图 2.14 和图 2.15 所示，在 UPDOWN COUNTER 应用程序中，可浏览 layout 文件夹并查看 updown.xml 和 counter.xml 文件。其中，updown.xml 文件涵盖了之前的布局结果。当前，按钮包含了定义于 id.xml 文件（位于 res/values 文件夹）内的 up 和 down 的 id，另外还定义了与 counter.xml 文件中 TextView 对应的另一个 id——counter。TextView 则包含了应用于其上的基本风格模式。

按钮赋值为 id，因而可通过定义于 Main.java 中的 Activity 加以引用。该应用程序包含了前述应用程序使用的 Renderer 类，但对其稍作修改。

图 2.14　同步计数器应用程序

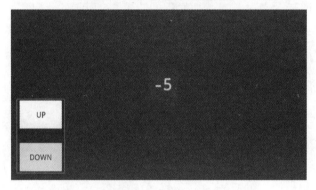

图 2.15　通过按钮对渲染过程产生影响

该应用程序使用了核心类 Counter（Counter 类也用于 Tank Fence 游戏中），并记录上、下按钮的点击次数（第 3 章将对 synchronized 代码块加以解释），下面考察基于 Counter 和 GLES20Renderer 类的应用程序的工作方式。

❑　每次点击某一按钮时，静态字段 _upDown（定义于 Counter 类中）通过 getUpDownNextValue 或 getUpDownPreviousValue 调用被修改（在 buttonUp 和 buttonDown 点击监听器中被调用）。

❑　GLES20Renderer 类中的 glClearColor 方法接收 float 类型参数（范围 0~1 内的 RGBA 格式），进而渲染 OpenGL 整体表面。因此，glClearColor(0.0f, 0.0f, 0.0f, 1) 使得全部屏幕呈现为黑色，如图 2.14 所示。

❑　定义于 GLES20Renderer 类中的 clearScreenWithColor 方法接收一个 int 类型参数，并调整 glClearColor 方法中的蓝色分量。

❑　当调用 onDrawFrame 方法（刷新 OpenGL 表面）时，该方法将调用 clearScreen WithColor，并向其传递 _upDown 字段（通过按钮予以控制）。每次按下按钮时，将生成新的 OpenGL 表面颜色（仅当提供的蓝色分量值位于 0~1 范围内）。

通过诸如按钮-视图 UI 应用，上述示例展示了 OpenGL 表面渲染控制的基本理念，如图 2.15 所示。

下列内容采用了触摸和传感器技术，并以此替代按钮对 OpenGL 图形渲染进行控制。

此处有必要深入分析 Counter 类（UPDOWN COUNTER/src/com/apress/android/updowncounter/Counter.java）及其与 UI 和 Renderer 类间的应用方式，这对于理解基于 OpenGL 渲染的 UI 十分必要。

2.8　通过触摸实现旋转操作

Tank Fence 游戏通过屏幕（或者传感器）实现了旋转操作，此处并不打算采用按钮展现旋转行为。本节将通过屏幕触摸更新与某一对象关联的旋转矩阵。

与对象关联的旋转矩阵需要使用到旋转角（以度数计算），进而围绕某一特定轴并以该角度旋转对象。

若期望实现围绕垂直于屏幕的某一轴向的对象旋转操作，且旋转角正比于手指滑动的水平距离，则须使用水平移动距离与屏幕宽度间的比率。例如，可定义一个类并实现 OnTouchListener 接口，在实现方法 onTouch 内，可使用程序清单 2.12 所示代码计算移动的水平距离。

程序清单 2.12　TOUCH ROTATION/src/com/apress/android/touchrotation/Main.java

```
if (event.getAction() == MotionEvent.ACTION_DOWN) {
  _touchedX = event.getX();
} else if (event.getAction() == MotionEvent.ACTION_MOVE) {
  float touchedX = event.getX();
  float dx = Math.abs(_touchedX - touchedX);
```

通过访问显示度量成员变量，可获得设备的宽度值以及 dx 与其比率。随后，可将该比率值转换为度数，并用于旋转矩阵中进而旋转当前对象。此理念用于本章源代码中的 TOUCH ROTATION 应用程序中，如图 2.16 所示。该应用程序（通过 Main 类）还进一步查看了手指划过屏幕的方向（左或右），并分别处理顺时针和逆时针旋转。

当构建上述应用程序时，需要使用如下两个类。

❑ Renderer 类：该类渲染某一对象并展示与该对象关联的旋转矩阵（或相关属性，例如旋转角）。

❑ Main 类：计算旋转角并据此更新旋转矩阵。

图 2.16　通过触摸方式旋转箭头

随后，可将 TOUCH ROTATION 应用程序载入当前应用程序中，并包含上述两个类。当前阶段无须担心 GLES20Renderer 类，其全部工作如下所示：

❑　渲染某一 3D 对象，其中包含了与该对象关联的旋转矩阵（_RMatrix）。

❑　访问_zAngle 字段，该字段存储了旋转角进而更新旋转矩阵。

针对全部水平移动距离与屏幕宽度间的比率计算（位于 onTouch 方法内），Main 类实现了一个触摸监听器。考虑到默认的灵敏度设置，若该比率值为 1/2，则对象围绕垂直于屏幕的轴向执行全旋转操作。另外，该类同样涵盖了 if 代码块，并针对顺时针和逆时针旋转比较连续的手指滑动行为（需要注意的是，手指在下一次滑动之前将抬起）。_TOUCH_SENSITIVITY 和_filterSensitivity 字段则有助于生成平滑的旋转行为，用户可改变该字段进而调整触摸的灵敏度。

2.9　基于 Android 传感器的旋转操作

前述内容讨论了基于 UI 的 Android 传感器应用，并更新 OpenGL 表面的 3D 渲染，如图 2.17~图 2.21 所示。鉴于各类 Android 设备对传感器提供不同的支持，因而传感器仅限于下列应用：

图 2.17　使用运动和位置传感器旋转箭头

- ❑ 加速计（运动传感器）。
- ❑ 重力传感器（运动传感器）。
- ❑ 磁力计（位置传感器）。

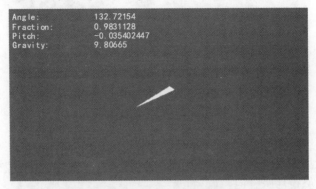

图 2.18　从北向西旋转箭头

图 2.19　从南向西旋转箭头

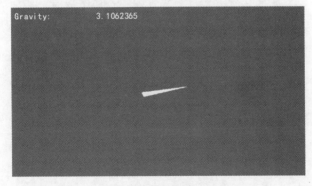

图 2.20　倾斜较大时停止旋转（重力为 3.10）

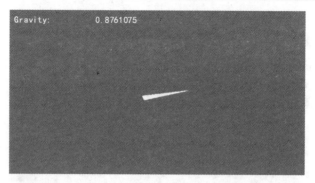

图 2.21　倾斜较大时停止旋转（重力为 0.87）

相应地，可通过 Android 传感器 API 获取设备上的传感器，此类 API 有助于在 Android 设备上实现与传感器相关的重要任务，例如确定传感器是否存在，获取原始的传感器数据，以及注册传感器事件监听器。

对此，可创建传感器服务实例，如程序清单 2.13 所示。

程序清单 2.13　SENSOR ROTATION/src/com/apress/android/sensorrotation/Main.java

```
SensorManager sm = (SensorManager)getSystemService(Context.SENSOR_SERVICE);
```

当创建特定传感器实例时，可使用 Sensor 类。SensorManager 类提供了 getDefault Sensor(int type)方法，并通过 int 类型访问 Sensor 对象。然而，可注册一个 SensorEvent Listener 并开始接收传感器事件的通知信息。在之前讨论的应用程序中，传感器应用程序的 Main 类同样实现了一个监听器，但此处将定义一个 SensorEventListener（android.hardware. SensorEventListener）。

SensorEventListener 接口包含了一个重要的回调方法 onSensorChanged，并通过参数 SensorEvent 事件提供原始的传感器数据。当注册一个监听器时，需要确定该监听器的延迟和监测速率，相关速率在 SensorManager 类中定义为静态常量，如程序清单 2.14 所示。

程序清单 2.14　SENSOR ROTATION/src/com/apress/android/sensorrotation/Main.java

```
sm.registerListener(this,
  sm.getDefaultSensor(Sensor.TYPE_ACCELEROMETER),
  SensorManager.SENSOR_DELAY_NORMAL);
sm.registerListener(this,
  sm.getDefaultSensor(Sensor.TYPE_MAGNETIC_FIELD),
  SensorManager.SENSOR_DELAY_NORMAL);
sm.registerListener(this, sm.getDefaultSensor(Sensor.TYPE_GRAVITY),
  SensorManager.SENSOR_DELAY_NORMAL);
```

除了通知原始的传感器数据之外,还可通过 SensorEvent 对象了解返回数据的准确性,若对应数据难以令人满意,可停止数据的处理工作,如程序清单 2.15 所示。

程序清单 2.15 SENSOR ROTATION/src/com/apress/android/sensorrotation/Main.java

```java
public void onSensorChanged(SensorEvent event) {
 if (event.accuracy == SensorManager.SENSOR_STATUS_UNRELIABLE) {
  return;
 }

switch (event.sensor.getType()) {
case Sensor.TYPE_ACCELEROMETER: {
 _accelVals = event.values.clone();
 _accelValsFiltered[0] = _accelValsFiltered[0] * (1.0f - _a)
  + _accelVals[0] * _a;
 _accelValsFiltered[1] = _accelValsFiltered[1] * (1.0f - _a)
  + _accelVals[1] * _a;
 _accelValsFiltered[2] = _accelValsFiltered[2] * (1.0f - _a)
  + _accelVals[2] * _a;
break;
}
case Sensor.TYPE_MAGNETIC_FIELD: {
 _magVals = event.values.clone();
 _magValsFiltered[0] = _magValsFiltered[0] * (1.0f - _a)
  + _magVals[0] * _a;
 _magValsFiltered[1] = _magValsFiltered[1] * (1.0f - _a)
  + _magVals[1] * _a;
 _magValsFiltered[2] = _magValsFiltered[2] * (1.0f - _a)
  + _magVals[2] * _a;
break;
}
case Sensor.TYPE_GRAVITY: {
 _gravVals = event.values.clone();
 break;
}
```

当采用 Sensor 类中的 getType 方法时,可获取生成传感器事件的与传感器类型相关的信息,这使得应用程序可在获取不同原始数据类型的传感器之间进行切换。

在程序清单 2.15 中,名为 _*Vals or _*Filtered 的变量(float[3])存储传感器数据,并可乘以某一数值以对传感器数据执行"平滑"操作。

最后,通过调用 getRotationMatrix 方法(SensorManager 类中的 public 方法),可计算旋转矩阵,并可直接用于 OpenGL 3D 渲染对象的旋转操作。

　　类似于 TOUCH ROTATION 应用程序，SENSOR ROTATION 应用程序涵盖了一个 Renderer 类以对 3D 对象执行渲染操作。再次强调，该类可访问与对象旋转相关的字段。当前，类 Main 实现了 SensorEventListener 接口以处理原始传感器数据。

　　若在 Android 设备上运行当前应用程序，鉴于添加了 TextView 作为辅助内容视图，因而可在屏幕左上角位置处显示相关文本，其中包括如下内容。

- ❑　Angle：对象围绕与屏幕垂直的轴向间的角度（对应范围约为-140°~140°）。
- ❑　Fraction：距平均位置间的偏差范围（对应范围约为-1~1）。
- ❑　Pitch：与设备较长边之间的倾斜程度（对应范围约为-1~1）。
- ❑　Gravity：该值位于 0~9.80665 范围内且不可超出该范围。

　　考虑到应用程序中的某些默认设置，当对象（即箭头）指向正 y 轴时（设备采用横向模式），当前方向指向正东。该方向表示为对象的平均位置。当对象指向平均位置的左侧时，Angle 和 Fraction 表示为正值，如图 2.18 所示；而其他情况下对应值则为负值，如图 2.19 所示。此处无须担心 Pitch，对于对象旋转而言，Angle 已然足够。

　　为了实现这一目标，仅当_gravityFiltered 大于或等于 6 时，设备以"平行"方式予以考察。对此，if 代码块负责处理这一情况，并通过多行代码缩放旋转角（取决于倾斜程度），进而实现平滑的旋转操作。待角度缩放完毕后，对应结果显示于 TextView 中，如程序清单 2.16 所示。

程序清单 2.16　SENSOR ROTATION/src/com/apress/android/sensorrotation/Main.java

```
if (_gravityFiltered >= 6
 && _gravityFiltered <= SensorManager.GRAVITY_EARTH * 1) {
scaling = _SENSITIVITY
  + (2 - (_gravityFiltered / SensorManager.GRAVITY_EARTH));
_orientationFiltered = _orientationFiltered * (1.0f - _a)
  + _outR[0] * _a;
float zAngle = scaling * _orientationFiltered * 90;
GLES20Renderer.setZAngle(zAngle);
_textView.setText("Angle: "
  + Float.valueOf(zAngle).toString() + "\n");
_textView.append("Fraction: "
  + Float.valueOf(_orientationFiltered).toString()
  + "\n");
_textView.append("Pitch: "
  + Float.valueOf(_values[1]).toString() + "\n");
_textView
 .append("Gravity: "
  + Float.valueOf(_gravityFiltered)
```

```
       .toString() + "\n");
}
```

TOUCH ROTATION 和 SENSOR ROTATION 应用程序所使用的逻辑（用于获取输入数据）同样应用于 Tank Fence 游戏中，并以此实现 UI。再次强调，此处应深入分析 Main 类以及上述应用程序中的回调方法，进而高效地运用应用程序中的 UI。

2.10　本 章 小 结

本章开篇讨论了移动游戏的基本设计原理，并以此解释游戏设计的重要性。随后，本章展示了多个示例，以帮助读者理解游戏 UI 和 OpenGL 渲染机制间的不同之处。最后，本章还介绍了应用程序的开发过程，并通过按钮和传感器输入数据更新 OpenGL 表面的渲染操作。

第 3 章将学习 Android 设备上的 OpenGL ES 2.0 环境，并构建简单的 ES 2.0 应用程序，进而理解可编程管线的基本概念。

第 3 章　ES 2.0 基础知识

第 2 章讨论了游戏输入与 OpenGL ES 图像渲染转换之间的关系,并简要介绍了 Tank Fence 游戏以及 GAME MENU 应用程序中的相关功能项。最后还阐述了按钮-视图和传感器引发的事件响应方法。

本章将讨论 ES 2.0 的基础知识,通过 GPU 渲染图像,并将硬件加速图形渲染的细节问题划分为适宜形式,进而展示 OpenGL ES 2.0 API 的实际应用。本章通过实例重点解释可编程图形管线的基本概念,而非探讨基于 ES 2.0 应用程序框架的面向对象原理。

3.1　Android 中的 EGL

EGL[①]可视为本地 OS 窗口系统与 ES 2.0 API 之间的接口,并有助于执行某些较为重要的操作步骤,包括构建与(本地)显示间的连接,应用 ES 2.0 的各项功能。对于 Android,下列多数步骤均自动执行:

(1) 待与本地显示系统连接后,执行 EGL 初始化操作。

(2) 针对各项设置的表面配置选择操作,例如颜色分量的位深。

(3) 通过步骤(2)构建 EGL 上下文环境。

(4) 根据某一渲染表面设置当前上下文环境。

(5) 将上下文环境添加至 EGL 窗口中(即渲染表面)。

3.1.1　GLSurfaceView 类

GLSurfaceView 类(android.opengl.GLSurfaceView)通过管理 EGL 执行上述自动操作。虽然上述步骤大多数自动执行,但步骤(2)需要用户针对渲染表面确定 OpenGL ES 版本,即调用 setEGLContextClientVersion(int version)方法,如程序清单 3.1 所示。

> 程序清单 3.1　GL SURFACE/src/com/apress/android/glsurface/Main.java
>
> ```
> _surfaceView.setEGLContextClientVersion(2);
> ```

[①] 参见 http://en.wikipedia.org/wiki/EGL_(OpenGL)。

【提示】除此之外，还存在其他 setEGL*方法可用于配置上下文环境（例如确定渲染表面
　　　　RGB 颜色分量的位深）。然而，针对本书中的 ES 2.0 应用程序，仅须执行一次
　　　　配置调整，即通过 setEGLContextClientVersion 方法设置 OpenGL ES 版本。

当使用该类渲染 EGL 窗口中的图像时（即渲染表面），首先需要创建 GLSurfaceView
实例（android.opengl.GLSurfaceView），如程序清单 3.2 所示；随后即可确定 OpenGL ES
版本，并将当前 EGL 上下文环境设置为与 OpenGL ES 2.0 兼容。

程序清单 3.2　　GL SURFACE/src/com/apress/android/glsurface/Main.java

```java
public class Main extends Activity {
 private GLSurfaceView _surfaceView;

 @Override
 public void onCreate(Bundle savedInstanceState) {
  super.onCreate(savedInstanceState);
  _surfaceView = new GLSurfaceView(this);
  _surfaceView.setEGLContextClientVersion(2);
  _surfaceView.setRenderer(new GLES20Renderer());
  setContentView(_surfaceView);
 }

}
```

【提示】渲染表面被赋予了不同的名称，例如 EGL 窗口、OpenGL 表面、OpenGL 表面
　　　　视图、OpenGL 视图以及 GL 表面——全部名称均具有相同的含义。

3.1.2　构建渲染器

虽然 GLSurfaceView 类可自动执行多个步骤，但无法直接在渲染表面上渲染图像，
这需要通过 Renderer 对象完成实际渲染操作。对此，可通过 setRenderer（GLSurface
View.Renderer renderer）方法确定渲染器。GLSurfaceView.Renderer 接口（android.opengl.
GLSurfaceView.Renderer）的抽象类可方便地在匿名内部类型中予以实现。类似于 GL
SURFACE 应用程序中的 Renderer 类，针对源代码中的全部 ES 2.0 应用程序，此处将定
义独立的 Renderer 类 GLES20Renderer，如程序清单 3.3 所示。

程序清单 3.3　　GL SURFACE/src/com/apress/android/glsurface/GLES20Renderer.java

```java
public class GLES20Renderer implements Renderer {

 public void onSurfaceCreated(GL10 gl, EGLConfig config) {
```

```
    GLES20.glClearColor(0.0f, 0.0f, 1.0f, 1);
}

public void onSurfaceChanged(GL10 gl, int width, int height) {
  GLES20.glViewport(0, 0, width, height);
}

public void onDrawFrame(GL10 gl) {
  GLES20.glClear(GLES20.GL_COLOR_BUFFER_BIT | GLES20.GL_DEPTH_BUFFER_BIT);
}

}
```

待 Renderer 对象定义完毕后，可通过第 2 章讨论的 setContentView 方法将该版面添加至当前活动（activity）的视图层次结构中。

3.2　渲染器线程

使用 GLSurfaceView 类和 addContentView 方法可方便地从 XML 视图中分离 OpenGL ES 图形（参见第 2 章），因而基于 XML 的视图显示于 3D 图形渲染表面的上方，如图 3.1 所示。

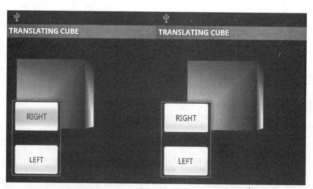

图 3.1　从 XML 视图中分离 OpenGL ES 图像

3.2.1　性能分离

分离操作并不仅限于"物理"行为，在当前场景后，GLSurfaceView 类（通过 Renderer）以独立线程渲染 OpenGL ES 图像，进而从 UI/main 线程中分离渲染功能，这有助于避免

UI 线程与各类 ES 2.0 调用之间的"拥挤"现象。当 3D 图形以专用线程渲染时，Android 仍可维护 UI 线程，并从 XML 视图以及传感器中接收事件，该专有线程称作渲染线程。

【提示】在 Android 传感器 API 中，回调方法 onSensorChanged 以异步方式请求数据，因而 UI 线程在等待接收数据时不会被锁定。

对此，可采用标准的 Java 技术（Thread 类/Runnable 接口）在 UI 和渲染线程之间通信。在本书示例中，将根据源自 UI 的输入数据更新渲染操作，且仅须在各个类中使用静态字段，进而共享两个线程间的数据。当访问静态字段时，为了确保线程安全，可使用包含静态字段的 volatile 关键字或 synchronized 代码块。

3.2.2　线程安全

当多个线程访问一个静态字段时，应注意以下内容：

（1）各线程应本地缓存字段值。当从某一线程中读取该值时（已更新完毕），将读取较早值。为了避免这一现象，静态字段可标记为 volatile（这在 TOUCH ROTATION 和 SENSOR ROTATION 应用程序中已有所体现），这将强制线程读取字段的全局值。

（2）线程可能会以同步方式更新字段，因而会产生竞争条件，进而导致出现无法预料的字段值。对此，可同步实现静态对象（如 UPDOWN COUNTER 应用程序所示），进而确保独立线程（在既定时刻）访问同步代码块。

对于进程间的通信，静态字段的数据共享仅是标准 Java 技术的一种选择方案。针对大多数示例，该方案已然足够。在两个线程中（UI/main 线程和渲染器线程），仅前者更新静态字段。

3.3　实　现　方　法

GLSurfaceView 类需要使用到渲染器并以此实现实际渲染行为，这可通过 setRenderer (GLSurfaceView.Renderer renderer)方法确定。后续各节将着重讨论 onSurfaceCreated、onSurfaceChanged 和 onDrawFrame 抽象方法，此类方法继承自 GLES20 Renderer 类，并实现了 GLSurfaceView.Renderer 接口。

3.3.1　渲染器解析

当创建第 1 章中的 GL SURFACE 应用程序时，可按照特定顺序对 GLES20Renderer

中的方法进行排序，进而确定此类方法的真实调用顺序。为了理解这一点，可创建一个与 GL SURFACE 类似的应用程序。在此之前，首先讨论程序清单 3.4 中的伪代码，并描述渲染器线程中的内部功能（GLSurfaceView 已设置为当前活动的内容视图，如程序清单 3.2 所示）。

程序清单 3.4 渲染器线程高层视图的功能

```
// after setContentView(_surfaceView);
_surfaceView.draw() { // there is no such method actually
  Renderer.surfaceCreated();
  Renderer.surfaceChanged(_width, _height);

  while(true) {
    Renderer.drawFrame();
    if(_deviceOrientationChanged) {
      _surfaceView.draw();
      break;
    }
    if(_stopped) {
      return;
    }
  }
}
```

渲染操作始于 Renderer.surfaceCreated 方法（即 Renderer.onSurfaceCreated），在该方法中，可设置 ES 2.0 函数并通过 GPU 渲染图形。

然而，除了设置渲染表面的背景颜色之外，surfaceCreated 方法中还可添加基本的状态管理。

当设备方向产生变化时，surfaceChanged 方法（即 Renderer.onSurfaceChanged 方法）将被调用。

当逐帧渲染图像时，Renderer.drawFrame 方法（即 Renderer.onDrawFrame 方法）在 while 循环内被调用，仅当应用程序（或使用渲染表面的活动）结束时，该方法终止。

在该循环内，一旦检测到方向变化，_surfaceView 将再次执行渲染任务（始于 surfaceCreated 方法）。

程序清单 3.4 基本描述了渲染器线程的内部功能（在 OpenGL 表面视图设置为当前活动的内容视图后），且有助于理解 GLES20Renderer 类实现的抽象方法的具体应用。

3.3.2　变化的 GL 表面

下面创建一个应用程序以测试上述方法是否以 GL SURFACE 应用程序中的顺序加以调用。对此，可构建一个名为 GL SURFACE CHANGED 的新应用程序，并将 Activity Name 设置为 Main。随后，可将 GL SURFACE 中的 Main.java 和 GLES20Renderer.java 文件复制至当前应用程序的包文件内（Eclipse 将提示 Main.java 已存在，这里可对其加以覆盖）。

此处，可将程序清单 3.5 中的代码行加入至 GLES20Renderer 类的 onSurfaceCreated 方法中，如下所示：

程序清单 3.5　GL SURFACE CHANGED/src/com/apress/android/glsurfacechanged/
GLES20Renderer.java

```
Log.d("onSurfaceCreated","invoked");
```

当前尚未导入 Log 类，快速修复功能可完成这一项任务。尽管存在多个方法可将消息记录至 LogCat 视图中（例如 Log.v 和 Log.i），但此处仅采用方法 d 生成调试信息日志。

其他方法中则加入如程序清单 3.5 所示的代码，最终，Renderer 类如程序清单 3.6 所示。

程序清单 3.6　GL SURFACE CHANGED/src/com/apress/android/glsurfacechanged/
GLES20Renderer.java

```java
public class GLES20Renderer implements Renderer {

 public void onSurfaceCreated(GL10 gl, EGLConfig config) {
  GLES20.glClearColor(0.0f, 0.0f, 1.0f, 1);
  Log.d("onSurfaceCreated","invoked");
 }
 public void onSurfaceChanged(GL10 gl, int width, int height) {
  GLES20.glViewport(0, 0, width, height);
  Log.d("onSurfaceChanged","invoked");
 }

 public void onDrawFrame(GL10 gl) {
  GLES20.glClear(GLES20.GL_COLOR_BUFFER_BIT | GLES20.GL_DEPTH_BUFFER_BIT);
  Log.d("onDrawFrame","invoked");
 }

}
```

　　当在 Android 设备上运行该应用程序时，对应 OpenGL 表面如图 3.2 所示，且与第 1 章中的结果十分类似。若改变设备方向，则该表面将自身调整并与新方向相适应。

图 3.2　纵向模式下的 GL SURFACE CHANGED 应用程序

【提示】在运行上述应用程序之前，应确保清单文件的活动元素中未包含程序清单 2.3 所示的属性和数值（android:configChanges 和 android:screenOrientation）。

　　待设备方向改变后，即可退出当前应用程序。随后，可打开 Eclipse 中的 LogCat 视图并添加 text:invoked 过滤器，如图 3.3 所示，进而定位程序清单 3.6 中的调试日志消息。

　　当查看 LogCat 视图中的调试信息时，读者将会发现，消息顺序类似于图 3.3。如前所述，渲染始于 onSurfaceCreated 方法，并于随后调用 onSurfaceChanged 方法调整方向变化。若设备方向产生变化，则两个方法将再次被调用。其后，通常会（重复）调用 onDrawFrame 方法。

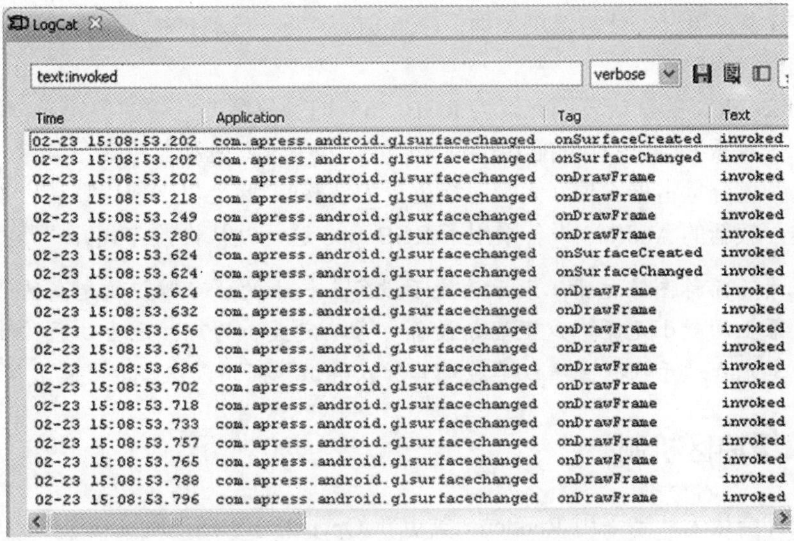

Time	Application	Tag	Text
02-23 15:08:53.202	com.apress.android.glsurfacechanged	onSurfaceCreated	invoked
02-23 15:08:53.202	com.apress.android.glsurfacechanged	onSurfaceChanged	invoked
02-23 15:08:53.202	com.apress.android.glsurfacechanged	onDrawFrame	invoked
02-23 15:08:53.218	com.apress.android.glsurfacechanged	onDrawFrame	invoked
02-23 15:08:53.249	com.apress.android.glsurfacechanged	onDrawFrame	invoked
02-23 15:08:53.280	com.apress.android.glsurfacechanged	onDrawFrame	invoked
02-23 15:08:53.624	com.apress.android.glsurfacechanged	onSurfaceCreated	invoked
02-23 15:08:53.624	com.apress.android.glsurfacechanged	onSurfaceChanged	invoked
02-23 15:08:53.624	com.apress.android.glsurfacechanged	onDrawFrame	invoked
02-23 15:08:53.632	com.apress.android.glsurfacechanged	onDrawFrame	invoked
02-23 15:08:53.656	com.apress.android.glsurfacechanged	onDrawFrame	invoked
02-23 15:08:53.671	com.apress.android.glsurfacechanged	onDrawFrame	invoked
02-23 15:08:53.686	com.apress.android.glsurfacechanged	onDrawFrame	invoked
02-23 15:08:53.702	com.apress.android.glsurfacechanged	onDrawFrame	invoked
02-23 15:08:53.718	com.apress.android.glsurfacechanged	onDrawFrame	invoked
02-23 15:08:53.733	com.apress.android.glsurfacechanged	onDrawFrame	invoked
02-23 15:08:53.757	com.apress.android.glsurfacechanged	onDrawFrame	invoked
02-23 15:08:53.765	com.apress.android.glsurfacechanged	onDrawFrame	invoked
02-23 15:08:53.788	com.apress.android.glsurfacechanged	onDrawFrame	invoked
02-23 15:08:53.796	com.apress.android.glsurfacechanged	onDrawFrame	invoked

图 3.3　LogCat 视图并通过文本过滤日志

除此之外，还可针对当前应用程序调整清单文件，在程序清单 2.3 中的属性和数值添加至活动元素后，用户可查看相应的结果变化。当再次运行应用程序时，可观察到 LogCat 视图中顺序调整后的调试信息。

前文提到了继承自 GLES20Renderer 的抽象方法，但并未讨论其参数。这里，传递至 onSurfaceChanged 方法的参数为 int width 和 int height，3.4 节将介绍宽度和高度参数的应用。

前述章节探讨了基于 Android 设备的 OpenGL ES 2.0 环境以及相关活动操作的 ES 2.0 调用方式。3.4 节将引入 OpenGL ES 2.0 API 的核心概念，并创建基本的示例程序以查看 ES 2.0 的运行方式。

3.4　帧缓冲区

当采用 ES 2.0 渲染图形时，EGL 窗口（即渲染表面）中的最终显示结果为着色后的像素，且需要使用到某一内存区域存储此类数据，进而可在 EGL 窗口对其进行显示。作为 2D 像素数据阵列，帧缓冲区即表示为这一内存区域，并可显示 3D 图像。特别地，此类帧缓冲区特指颜色缓冲区。显示设备读取颜色缓冲区，并确定屏幕（即显示 EGL 窗口的屏幕部分）各像素 RGB 颜色分量的亮度值。需要注意的是，针对 EGL 窗口的各像素，除了 RGB 颜色分量之外，颜色缓冲区还可存储 Alpha 分量。

在 3.1 节中曾指出，针对渲染表面，GLSurfaceView 自动执行表面配置的选取步骤，下面对其加以深入分析。

GLSurfaceView 的默认表面配置为 RGB_565，即颜色缓冲区中的各元素（对应于 EGL 窗口中的一个像素），其内存分配方式为 16 位。其中，红色和蓝色颜色分量分别占据 5 位，而绿色颜色分量占据 6 位（人眼对绿色更为敏感）。此处仍然使用默认设置方式（需要注意的是，较新的 Android 设备采用了 RGB_888 这一默认设置方式）。

【提示】像素（简称图像元素）表示为显示设备上较小的、可辨识的光亮区域，即显示屏幕上的最小元素。这里显示设备负责确定最小的可辨元素。通常情况下，这一类元素过于细微且难以单独对其加以辨识，因而以组合方式构成像素区域。

3.4.1　双缓冲区机制

读者或许会认为，当采用 Renderer 类更新 OpenGL ES 图形时（在某一帧中），仅会涉及与 EGL 窗口关联的单一颜色缓冲区，实际上，当在 EGL 窗口中渲染图形时，还将更新与其关联的"后置"颜色缓冲区，即双缓冲机制（需要注意的是，缓冲区之间的交换行为应与显示屏幕的刷新率同步）。双缓冲机制应确保下列情形：当显示设备读取"前置"颜色缓冲区时，该缓冲区不应被更新。

【提示】综上所述，各步骤均于后台自动执行，因而可方便地在 Android 中使用 OpenGL ES。同时，Android 可简化相关操作，并通过 GLSurfaceView 类管理"前置"和"后置"颜色缓冲区之间的交换操作。

3.4.2　清除颜色缓冲区

在开始于 EGL 窗口中渲染图形之前，需要通过特定的颜色清除（关联的）颜色缓冲区。对此，可调用 GLES20.glClear 方法，并向其传递参数 GLES20.GL_COLOR_BUFFER_BIT（鉴于采用了 Android API level 8，因而可通过 android.opengl.GLES20 类访问 OpenGL ES 2.0 中的常量和函数）。由于图形在某一帧中被渲染，因而 glClear 方法在 onDrawFrame 方法内部被调用。这可确保颜色缓冲区采用默认的颜色值予以清除，并于随后通过 OpenGL ES 且采用渲染图像像素数据进行更新。针对 glClearColor 方法，可确定相应的颜色值（位于[0,1]范围内），进而对颜色缓冲区内的全部元素进行初始化。在第 1 章中的 GL SURFACE 应用程序中曾看到，清除颜色设置为(0.0, 0.0, 1.0, 1.0)，因而屏幕最终呈现为蓝色。注意，虽然 glClear 方法通常在 onDrawFrame 方法内调用，但 glClearColor 方法则在 onSurfaceCreated 方法内被调用。

【提示】截止到目前为止，几乎全部应用程序均采用了 glClear 方法，但此处所传递的参数却具有不同含义（相比于 SURFACE 应用程序）——该操作故意为之，以使用户习惯于程序清单 3.7 中的编码方式；如果从参数中移除附加部分（即 GLES20.GL_DEPTH_BUFFER_BIT），则输出结果不会产生任何变化。

> **程序清单 3.7　GL SURFACE CHANGED/src/com/apress/android/glsurfacechanged/**
> **GLES20Renderer.java**

```
GLES20.glClear(GLES20.GL_COLOR_BUFFER_BIT | GLES20.GL_DEPTH_BUFFER_BIT);
```

3.4.3　设置视口

当显示设备访问"前置"颜色缓冲区以显示最终的 OpenGL ES 渲染图形时，需要对视口有所了解，即显示屏幕区域，图像于其上加以映射。

对此，可通过 glViewport(int x, int y, int width, int height)设置视口，其中，(x, y)表示显示屏幕的位置，并从左下角（以像素方式）进行计算。其他参数则以像素方式设置视口尺寸。为了确保视口可见，(x,y)应位于显示屏幕左下角（x=0，y=0）和右上角（x=width，y=height）范围内。

通常情况下，视口与显示屏幕间具有相同的尺寸，如图 3.4 所示。因此，当设置视口尺寸时，可采用 onSurfaceChanged 方法的 int width 和 int height 参数。此类参数存储了任意方向上的、显示屏幕的宽度和高度。据此，可在 onSurfaceChanged 方法内调用 glViewport 方法。当设备方向发生变化时，onSurfaceChanged 将记录横向或竖向模式下的显示屏幕的最新宽度和高度。

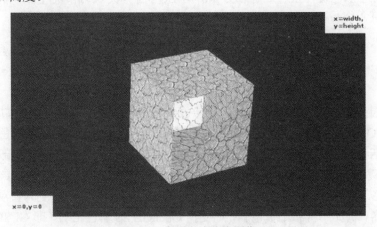

图 3.4　全屏方式渲染图像

图 3.4 和图 3.5 显示了 GL CUBEMAP TEXTURE 应用程序的屏幕截图。其中，图 3.4 展示了默认条件下的视口设置，即 glViewport(0, 0, width, height)，并实现了视口与显示屏幕间的准确匹配。

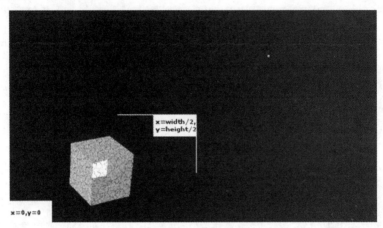

图 3.5　将视口设置为 1/4 屏幕

当调用 glViewport(0, 0, width/2, height/2)时，视口区域减为显示屏幕的 1/5，如图 3.5 所示。另外，还可进一步调整视口设置，并尝试将视口移至显示屏幕的不同位置。若视口设置为小于显示屏幕，则仍需查看视口之外区域中的清除颜色（采用 glClearColor），其原因在于，glViewport 方法不会对 glClear 方法产生任何影响。因此，无论视口区域如何，都需要对显示屏幕的其余部分进行着色。

【提示】类似于颜色缓冲区，还存在另一种与 EGL 窗口关联的帧缓冲区，本章 3.10.2 节
　　　　将对此进行讨论。

3.5　GLSL

当前，因尚未讨论 OpenGl ES 坐标系，故全部示例仅限于二维渲染，如图 3.6 所示。

GLSL（OpenGL 着色语言）可视为一类图像编程语言，并以此创建着色程序进而以一种更加灵活的方式实现渲染效果。此类程序表示为可编程渲染管线中的部分内容，其转换、光照以及纹理效果并非通过硬编码函数构成。OpenGL 体系结构评审委员会（ARB）发布了 GLSL，针对顶点和片元级别的波长渲染管线，这提供了一种更为直观的方法。一些嵌入式设备，例如手机和平板电脑，均支持 OpenGL ES 着色语言（即 GLSL 或 ESSL），对应版本基于 GLSL 2.0。

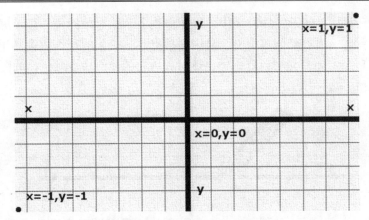

图 3.6　标准化 2D 空间

需要注意的是，如果不对 GLSL 和 GLSL ES 做特意比较，后者通常简称作 GLSL。

【提示】在 3D 图形管线中，术语图形管线或渲染管线通常是指：将 3D 场景（点、线以及多边形集合）转换为 2D "光栅化" 图像输出结果（即像素集或点集）的某一方法。OpenGL 和 Direct3D 则是较为常用的 3D 图像渲染 API，且均以类似的方式描述图像管线。

理解图形管线中的各个阶段对新晋图形开发人员而言稍显复杂，因而本书做适当精简。然而，在 GLSL 环境中，读者需理解 ES 2.0 图像管线中的两个可编程阶段。

3.5.1　着色器程序

着色器程序（或简称为着色器）表示为一类计算机程序，并以可编程 3D 图像渲染 API 方式操控图形管线中的功能项。GLSL 支持两种类型的着色器，如下所示：

❑　顶点着色器。
❑　片元着色器。

在 ES 2.0 渲染管线中，仅当构建有效的顶点和片元着色器后，方可渲染 OpenGL 表面上的对象，即使该表面上的一点也是如此，即需要构建顶点着色器和片元着色器。

顶点着色器接收对象的几何形状数据，例如 3D 空间中的顶点，并将其转换为显示屏幕上的 2D 坐标。随后，渲染管线针对该对象生成相应的片元，并通过片元着色器处理着色、光照以及纹理等，如图 3.8 所示。

【提示】各片元体现了显示屏幕上的一个(x,y)像素，并由片元着色器执行着色处理。

　　最后，片元数据存储于帧缓冲区中，继而提供表示该对象的位于显示屏幕上的像素颜色值。简而言之，顶点着色器定义了显示屏幕上某一对象的最终位置（作为一个顶点集），如图 3.7 所示；而片元着色器则定义该对象填充的最终像素颜色，如图 3.8 所示。

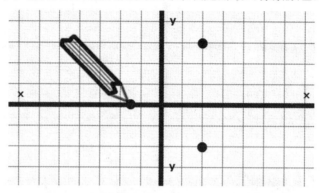

图 3.7　顶点标识

图 3.8　点精灵对象

3.5.2　顶点着色器示例

　　下面讨论顶点着色器并对一点加以定义（采用 GLSL 语言编写）。如前面所述，通过 setRenderer(GLSurfaceView.Renderer renderer) 方法定义的渲染器将渲染 OpenGL 表面上的图像。通常情况下，可作为字符串直接在渲染器内部（GLES20Renderer 类）创建渲染器，如程序清单 3.8 所示。

程序清单 3.8　GL POINT BASIC/src/com/apress/android/glpointbasic/GLES20Renderer.java

```
private final String _pointVertexShaderCode =
  "void main() {"
```

```
+ " gl_PointSize = 15.0;"
+ " gl_Position = vec4(0.0,0.0,0.0,1);"
+ "}";
```

着色器的语法类似于 C 编程语言，若读者理解简单的 C 程序，即可掌握基本的着色器结构。

在程序清单 3.8 中，GLSL 着色器包含一个简单的入口点，称作 main 函数。除此之外，该语言还涵盖了内建变量，并可向渲染管线提供有效的信息。其中，顶点着色器使用了两个重要的内建变量，即 gl_PointSize 和 gl_Position。

顾名思义，gl_PointSize 可确定像素"点"的尺寸，该内建变量仅可通过特定的几何对象类型，并在 ES 2.0 中加以使用，即点精灵。

在 ES 2.0 中，渲染于 OpenGL 表面上的任意对象（例如三角形、正方形以及立方体）均可表示为下列基本几何对象的组合，即图元。

❑　点精灵。

❑　直线。

❑　三角形。

相应地，可通过一组顶点集（点精灵的单一顶点、直线中的两个顶点和三角形中的 3 个顶点）以及基于颜色和纹理的可选数据描述一个图元。程序清单 3.8 中的顶点着色器用于渲染点精灵图元，该图元表示为一个正方形点。前文中曾有所讨论，可采用内建的 gl_PointSize 确定其尺寸。

【提示】关于渲染于 OpenGL 表面上的、期望图元类型的确定方式，可在 onDrawFrame 方法内部并使用 ES 2.0 函数 glDrawArrays 或 glDrawElements 对其予以实现，对应函数接收图元类型作为参数（GL_POINTS、GL_LINES 或 GL_TRIANGLES）。本节将对 glDrawArrays 函数进行讨论。

gl_Position 定义为一个特殊的内建变量，若顶点着色器未对其写入数据值，则图形管线无法了解期望在 OpenGL 表面上渲染的（对象）顶点。OpenGL 环境的考察方式类似于凸台 3.6，若 gl_Position 设置为 vec4(0.0,0.0,0.0,1)，则在 OpenGL 表面的中心位置处定义了一点，如图 3.9 所示。其中，vec4 表示为 4 分量向量，并确定为 OpenGL 中的一个 3D 点。需要说明的是，vec4(0.0,0.0,0.0,1)中的最后一个分量并非是视觉数据值，并一次支持 3D 转换中的矩阵乘法运算（读者可访问 http://stackoverflow.com/a/2465290 获取更多内容）。若该 vec4 表示为一个向量数据（而非 3D 点），则最后一个分量定义为 0。

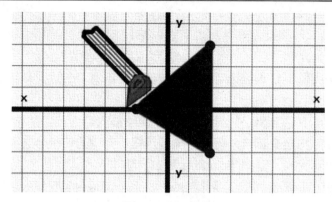

图 3.9　片元着色

3.5.3　数据类型

类似于标准的 C 语言类型，下列基本类型也常出现于 GLSL 中。

❑　void：该类型用于函数中且不返回任何值，或者表示为一个空的参数列表。

❑　bool：该类型表示为布尔值 true 或 false。

❑　int：有符号整数。

❑　float：浮点型标量值。

基本类型还包含了 2 分量、3 分量或 4 分量向量。

❑　bvec2：包含 2 个分量的布尔向量。

❑　bvec3：包含 3 个分量的布尔向量。

❑　bvec4：包含 4 个分量的布尔向量。

❑　ivec2：包含 2 个分量的整型向量。

❑　ivec3：包含 3 个分量的整型向量。

❑　ivec4：包含 4 个分量的整型向量。

❑　vec2：包含 2 个分量的浮点型向量。

❑　vec3：包含 3 个分量的浮点型向量。

❑　vec4：包含 4 个分量的浮点型向量。

除此之外，还可根据标量、向量以及二者组合构建方阵，即 mat2、mat3 和 mat4。矩阵是一类非常有用的数据类型，可与对象进行关联，并通过更新 3D 转换数据对其执行转换操作，例如平移量和旋转角。

下面考察相关示例，并采用 GLSL 声明和初始化各类型的变量。对此，可调整程序清单 3.8，且不会对顶点着色器的输出结果产生任何影响。

【提示】除了通过字符串创建着色器之外，可在独立的文件中对其予以确定。由于直接
　　　　在 GLES20Renderer 类中生成着色器（采用字符串），因而须添加某些包含 "\n"
　　　　的着色器行。此处仅对包含单行注释或预处理指令的数据行执行此类操作
　　　　（GLSL 支持注释和预处理指令行为）。
　　　　对于多数 ES 2.0 应用程序，全部着色器行均包含 "\n"，这仅出于可读性考虑，
　　　　但读者应理解哪些数据行应包含 "\n"。

　　程序清单 3.9 并未直接将 15.0 赋值于 gl_PointSize 变量中，相反，代码声明并初始化
了另一个变量 pointSize，其值通过 gl_PointSize = pointSize 赋予 gl_PointSize 变量中。

程序清单 3.9　GL POINT BASIC/src/com/apress/android/glpointbasic/GLES20Renderer.java

```
private final String _pointVertexShaderCode =
  "void main() {"
+ " // declare & initialize float scalar \n"
+ " float pointSize = 15.0;"
+ " gl_PointSize = pointSize;"
+ ""
+ " // using vec3 constructor \n"
+ " vec3 xyz;"
+ " xyz = vec3(0.0,0.0,0.0);"
+ ""
+ " // using vec4 constructor \n"
+ " vec4 position;"
+ " position = vec4(xyz[0],xyz[1],xyz[2],1);"
+ " gl_Position = position;"
+ "}";
```

　　其中，代码首先声明了名为 xyz 的 3 分量向量，并于随后使用 vec3 构造方法 vec3(0.0,
0.0, 0.0)进行初始化操作。这里，一种访问向量分量的方法是使用下标[ ]，以及由 0 开始
的索引。因此，xyz[0]对应于该向量的首个分量。在程序清单 3.9 中，xyz 向量的分量对
名为 position 的变量执行初始化操作，即 vec4 类型。另外，position 中的最后一个分量设
置为 1，最终，其值赋予 gl_Position 变量。
　　程序清单 3.10 展示了分量名称的应用方式，取决于构成既定向量的分量数量，各分
量可通过分量名称加以访问，即{x, y, z, w}、{r, g, b, a}或{s, t, r, q}。当访问独立分量时，
可首先使用包含向量名称的 "." 操作符，其后是分量名称。需要注意的是，当访问一个
向量时，不应混用分量命名规则，一次仅可使用单一规则，即 vec4(xyz.x, xyz.y, xyz.z, 1)。

程序清单 3.10　GL POINT BASIC/src/com/apress/android/glpointbasic/GLES20Renderer.java

```
private final String _pointVertexShaderCode =
    "void main() {"
+ " gl_PointSize = 15.0;"
+ ""
+ " // declare & initialize vec3 vector \n"
+ " vec3 xyz = vec3(0.0,0.0,0.0);"
+ ""
+ " // declare & initialize vec4 vector \n"
+ " vec4 position = vec4(xyz.x,xyz.y,xyz.z,1);"
+ " gl_Position = position;"
+ "}";
```

　　程序清单 3.11 显示了另一种向量构造的应用方式。其中，如果向向量构造方法传递单一标量参数，其值可用于设置向量中的全部值。因此，vec3(0.0)将生成与 vec3(0.0, 0.0, 0.0)相同的结果。除此之外，还可向向量构造方法传递一个向量作为参数。鉴于向量分量从左至右加以设置（当使用某一向量构造方法时），因而 vec4(vector3Name,1)等同于 vec4(vector3Name.x, vector3Name.y,vector3Name.z, 1)。

程序清单 3.11　GL POINT BASIC/src/com/apress/android/glpointbasic/GLES20Renderer.java

```
private final String _pointVertexShaderCode =
    "void main() {"
+ " gl_PointSize = 15.0;"
+ ""
+ " // using vec3 constructor \n"
+ " vec3 xyz = vec3(0.0);"
+ ""
+ " // using vec4 constructor \n"
+ " vec4 position = vec4(xyz,1);"
+ " gl_Position = position;"
+ "}";
```

3.5.4　片元着色器示例

　　针对点精灵图元，顶点着色器之后则是片元着色器，如程序清单 3.12 所示，进而定义该图元片元的最终颜色。

程序清单 3.12　GL POINT BASIC/src/com/apress/android/glpointbasic/GLES20Renderer.java

```
private final String _pointFragmentShaderCode =
    "void main() {"
```

```
+ " gl_FragColor = vec4(1.0,1.0,1.0,1);"
+ "}";
```

类似于顶点着色器，片元着色器同样包含特殊的内建变量 gl_FragColor。片元着色器须向该变量写入数据，并定义片元的最终颜色值。如程序清单 3.8 所示，通过向 gl_FragColor 变量赋值 vec4(1.0, 1.0, 1.0, 1)，即 RGBA 颜色值，点精灵颜色设置为白色。

如果读者理解了 GLSL 中变量的声明和初始化操作（如程序清单 3.9~程序清单 3.11 所示），则可尝试调整程序清单 3.12 中 vec4 与 gl_FragColor 变量之间的写入方式（最终结果如程序清单 3.13 所示）。

程序清单 3.13　GL POINT BASIC/src/com/apress/android/glpointbasic/GLES20Renderer.java

```
private final String _pointFragmentShaderCode =
    "void main() {"
+ " vec4 fragColor = vec4(1.0);"
+ " // i.e. fragColor = vec4(1.0,1.0,1.0,1.0); \n"
+ " gl_FragColor = fragColor;"
+ "}";
```

虽然程序清单 3.13 工作良好，但却无法生成图 3.9 中的期望结果，其原因在于，顶点着色器和片元着色器之间存在重要的差异。特别地，如果采用程序清单 3.13 替换 GL POINT BASIC 应用程序中 Renderer 类的片元着色器，最终结果将呈现为空白屏幕。

在 GLSL 中，int 或 float 变量须确定精度限定符，进而可定义着色器变量计算时的精确度。其中，变量可分别声明为低精确度、中精确度和高精确度，对应关键字表示为 lowp、mediump 和 highp。另外，默认精度限定符定义于顶点或片元着色器的上方位置处（这在程序清单 3.14 中也有所体现），如下所示：

❑　precision mediump float。

❑　precision mediump int。

程序清单 3.14　GL POINT BASIC/src/com/apress/android/glpointbasic/GLES20Renderer.java

```
private final String _pointFragmentShaderCode =
    "#ifdef GL_FRAGMENT_PRECISION_HIGH \n"
+ "precision highp float;"
+ "#else \n"
+ "precision mediump float;"
+ "#endif \n"
+ "void main() {"
+ " vec4 fragColor = vec4(1.0);"
+ " gl_FragColor = fragColor;"
+ "}";
```

浮点精度根据浮点值应用于全部变量的默认精度。类似地，int 精度则用于全部整型变量的精确度。

变量的精度限定符无须强制性地定义于顶点着色器中，其预定义的默认精度为 int 和 float 类型。然而，在片元着色器中，对于浮点类型虽然应（至少）支持中精确度，但不应设置为默认精度，这一点与顶点着色器不同。这也意味着，片元着色器须显式确定基于浮点类型的默认精度。

ES 2.0 支持 float 类型的高精度定义；否则，可降至中精度，并在片元着色器中将其设置为全部 float 类型的默认精度。当确定片元着色器中是否支持高精度时，可查看是否定义了 GL_FRAGMENT_PRECISION_HIGH 预处理宏（如程序清单 3.14 所示）。

3.6　GL POINT BASIC 应用程序

Renderer 类（GL POINT BASIC/src/com/apress/android/glpointbasic/GLES20Renderer.java）中的着色器代码，即_pointVertexShaderCode 和_pointFragmentShaderCode，须编译为二进制格式，以使 GPU 可对其加以处理。对此，ES 2.0 提供了 3 个函数编译顶点着色器和片元着色器，即 glCreateShader、glShaderSource 以及 glCompileShader。

一旦某一对象的着色器编译完毕（回忆一下，对象表示为某一图元或同类图元的组合），则须对其创建 ES 2.0 程序（program，此处不应与着色器程序混淆），进而作为一个单元链接顶点着色器和片元着色器。当采用此类程序对象时，可在 OpenGL 表面上渲染图元，当具体操作上述各项步骤时，须从 Chapter3 文件夹中导入 glpointbasic.zip 存档文件，这将把 GL POINT BASIC 应用程序载入至 Eclipse 工作区中。

3.6.1　使用 loadShader 方法

Renderer 类包含了早期的相关方法（例如 onSurfaceCreated、onSurfaceChanged 和 onDrawFrame 方法），并可针对不同功能方便地组织代码。当前，该类中存在两个主要变化，即着色器程序和 loadShader 方法，后续内容将在 ES 2.0 应用程序中采用此类方案。

前述内容已对着色器应用有所讨论（即渲染了点精灵图元，且 Renderer 类中包含了顶点着色器和片元着色器），下面讨论 loadShader 方法，如程序清单 3.15 所示。

程序清单 3.15　GL POINT BASIC/src/com/apress/android/glpointbasic/GLES20Renderer.java

```
private int loadShader(int type, String source) {
  int shader = GLES20.glCreateShader(type);
  GLES20.glShaderSource(shader, source);
```

```
GLES20.glCompileShader(shader);
return shader;
}
```

该方法包含了 3 个函数，并实现了着色器的编译功能。当使用 int shader = GLES20.glCreateShader(type)语句时，着色器-对象针对特定的着色器类型予以构建（GLES20.GL_VERTEX_SHADER 或 GLES20.GL_FRAGMENT_SHADER）。随后，着色器源代码（顶点或片元着色器代码）将通过 glShaderSource 函数载入至当前对象中，最终通过 glCompileShader 函数编译并返回。需要注意的是，各类型的源代码（即顶点着色器和片元着色器）需要先期载入至着色器-对象中，并于随后应用于 ES 2.0 应用程序中。

在 onSurfaceCreated 或 onSurfaceChanged 方法中，通过 glCreateProgram 函数生成了 ES 2.0 程序，进而使用这些编译后的着色器。在最终链接至某一单元前，编译后的着色器须加载至该程序中，如程序清单 3.16 所示。

程序清单 3.16　GL POINT BASIC/src/com/apress/android/glpointbasic/GLES20Renderer.java

```
int pointVertexShader = loadShader(GLES20.GL_VERTEX_SHADER, _pointVertex
ShaderCode);
int pointFragmentShader = loadShader(GLES20.GL_FRAGMENT_SHADER, _point
Fragment ShaderCode);
_pointProgram = GLES20.glCreateProgram();
GLES20.glAttachShader(_pointProgram, pointVertexShader);
GLES20.glAttachShader(_pointProgram, pointFragmentShader);
GLES20.glLinkProgram(_pointProgram);
```

3.6.2　属性

在进一步解释应用程序之前，可向 Renderer 类添加某些附加内容，例如 int _point AVertexLocation 和 FloatBuffer_pointVFB 字段。随后，可定义一个 void 类型的 initShapes() 方法，并于其中添加如程序清单 3.17 所示的代码。另外，initShapes 方法可在 onSurface Changed 方法内加以调用。

程序清单 3.17　GL POINT ADVANCED/src/com/apress/android/glpointadvanced/
GLES20Renderer.java

```
float[] pointVFA = {
  0.1f,0.1f,0.0f,
  -0.1f,0.1f,0.0f,
  -0.1f,-0.1f,0.0f,
  0.1f,-0.1f,0.0f
```

```
};
ByteBuffer pointVBB = ByteBuffer.allocateDirect(pointVFA.length * 4);
pointVBB.order(ByteOrder.nativeOrder());
_pointVFB = pointVBB.asFloatBuffer();
_pointVFB.put(pointVFA);
_pointVFB.position(0);
```

上述代码采用 FloatBuffer(_pointVFB)方法表示图 3.6 中各象限内的 4 个点。在对当前类稍作调整后，即可在 OpenGL 表面上渲染上述各点，如图 3.10 所示。

图 3.10　GL POINT ADVANCED 示例程序

此处可使用程序清单 3.18 替换顶点着色器代码，对应代码表明，可从"外部"向顶点着色器提供输入数据，而非直接向 gl_Position 变量定义和写入数据。

程序清单 3.18　　GL POINT ADVANCED/src/com/apress/android/glpointadvanced/

GLES20Renderer.java

```
private final String _pointVertexShaderCode =
    "attribute vec4 aPosition;"
+ "void main() {"
+ " gl_PointSize = 15.0;"
+ " gl_Position = aPosition;"
+ "}";
```

当提供相应的输入数据时，可使用 attribute 变量，例如 gl_PointSize 和 gl_Position 变量。其中，attribute 变量仅在顶点着色器中有效，并相对于顶点着色器确定逐个顶点的输入内容（例如位置和颜色数据）。

针对 glGetAttribLocation 方法，首先需要访问程序顶点着色器内的 attribute 变量，随后方可向其传递数据。对于 Renderer 类，通过_pointAVertexLocation =GLES20.glGetAttrib Location(_pointProgram, "aPosition")语句，字段_pointAVertexLocation 存储 attribute 变量

aPosition 的位置，可将该语句添加至程序清单 3.16 中 ES 2.0 函数之后。

最后，在 onDrawFrame 方法内，可采用 FloatBuffer_pointVFB 将逐个顶点数据（这里，逐顶点数据表示为顶点自身，即顶点坐标）传递至 attribute 变量 aPosition 中。如果仅渲染单一点精灵对象，则无须使用上述全部步骤。如程序清单 3.8 所示，可直接写入至 gl_Position 变量。为了获得如图 3.10 所示的输出结果，可通过程序清单 3.20 替换 onDrawFrame 方法。

当向 aPosition 变量传递数据时（例如逐顶点颜色值、逐顶点法线或此处的顶点坐标），可采用 glVertexAttribPointer(int indx, int size, int type, boolean normalized, int stride, Buffer ptr)方法。根据所处理的逐顶点数据类型，可将该数据尺寸设置为 int 类型。例如，如果正在传递逐顶点的位置数据（即顶点坐标），对于独立顶点(x,y,z)或一组顶点（程序清单 3.17 中的 pointVFA），对应尺寸可确定为 3；类似地，如果传递逐顶点颜色值(r,g,b,a)，则对应尺寸定义为 4。

对于包含浮点值的数据，类型参数确定为 GLES20.GL_FLOAT，且用于位置和颜色数据。此处并不需要对顶点数据执行标准化操作，因而可将布尔参数设置为 false。如果在同一 float 数组中存储不同的顶点数据类型，则可使用 stride 参数。当在 float 数组中存储单一类型的顶点数据时，例如顶点位置数据，可将 stride 设置为 0 或 size 与参数类型尺寸间的乘积结果。indx 和 ptr 参数表示为属性的位置和缓冲区（FloatBuffer _pointVFB）。若深入考察程序清单 3.18 和程序清单 3.19，则会发现顶点着色器中属性变量的类型为 vec4，而 glVertexAttribPointer 中的 size 参数为 3。鉴于当前操作渲染一个顶点，因而可附加一个额外的分量，进而实现渲染操作。待 glVertexAttribPointer 函数调用完毕后，须激活对应的属性数组，即调用 glEnableVertexAttribArray 函数，该函数接收属性变量位置作为参数。

程序清单 3.19　GL POINT ADVANCED/src/com/apress/android/glpointadvanced/ GLES20Renderer.java

```
GLES20.glVertexAttribPointer(_pointAVertexLocation, 3,GLES20.GL_FLOAT,
false, 12, _pointVFB);
GLES20.glEnableVertexAttribArray(_pointAVertexLocation);
```

在 onDrawFrame 函数中，ES 2.0 函数调用，即 glVertexAttribPointer 和 glEnableVertexAttribArray 函数（以及后续讨论的其他函数），夹杂于 ES 2.0 程序调用（程序清单 3.20 中的 glUseProgram 函数）以及图元绘制操作（glDrawArrays 或 glDrawElements）之间。上述过程在每次渲染对象时予以实现，即某一图元或同类型图元的组合。

【提示】若 glVertexAttribPointer 告知 OpenGL 顶点数组数据的相关格式，glEnableVertexAttribArray 将激活对应的属性数组，并将顶点数据传递至 OpenGL 中。

程序清单 3.20　GL POINT ADVANCED/src/com/apress/android/glpointadvanced/

GLES20Renderer.java

```
public void onDrawFrame(GL10 gl) {
  GLES20.glClear(GLES20.GL_COLOR_BUFFER_BIT | GLES20.GL_DEPTH_BUFFER_BIT);
  GLES20.glUseProgram(_pointProgram);
  GLES20.glVertexAttribPointer(_pointAVertexLocation, 3, GLES20.GL_FLOAT,
false, 12, _pointVFB);
  GLES20.glEnableVertexAttribArray(_pointAVertexLocation);
  GLES20.glDrawArrays(GLES20.GL_POINTS, 0, 4);
}
```

下面分析 glDrawArrays 函数,第 4 章将深入讨论 glDrawElements 函数。glDrawArrays 函数接收 mode、first 和 count 这 3 个参数,且均为 int 类型。另外,mode 可确定渲染的图元类型,当前操作与 GL_POINTS、GL_LINES 以及 GL_TRIANGLES 协同工作。需要注意的是,ES 2.0 还支持其他模式,其中包括 GL_LINE_STRIP、GL_LINE_LOOP、GL_TRIANGLE_STRIP 和 GL_TRIANGLE_FAN。GL_POINTS 模式相对直观,通过调用 glDrawArrays(GLES20.GL_POINTS, 0, 4),可告知顶点着色器当前操作将在 OpenGL 表面上绘制 4 个点(点精灵对象)。此处第二个参数为 0,即在程序清单 3.17 的 pointVFA (0.1f, 0.1f, 0.0f)方法中从首个顶点开始渲染。

类似地,针对直线图元渲染行为,可调用 glDrawArrays(GLES20.GL_LINES, 0, 2)函数;而三角形图元则调用 glDrawArrays(GLES20.GL_TRIANGLES, 0, 3)函数。下面将继续讨论基于 glDrawArrays 函数的直线、三角形和矩形的绘制方式。

3.7　绘制直线和三角形图元

本节应用程序可将前述 GL POINT ADVANCED 应用程序作为模板(即 glpointadvanced.zip)。当采用 glDrawArrays 方法渲染直线图元时,如图 3.11 所示,须将其 mode 参数设置为 GLES20.GL_LINES。考虑到直线需要两个点,因而当渲染直线图元时,glDrawArrays 方法中的最后一个参数 count 应至少为 2。

待 glDrawArrays 方法参数设置完毕后,须定义一个数组以存储直线的端点。因此,在当前模板中,可适当调整 initShapes 方法内的 pointVFA 浮点数组。为了获得类似于图 3.11 所示的输出结果,可将该数组定义为{0.0f,0.0f,0.0f,0.5f,0.5f,0.0f}。当前数组包含两个点,因而须调用 glDrawArrays(GLES20.GL_LINES, 0, 2)。

在运行该应用程序之前,须从顶点着色器中移除 gl_PointSize = 15.0;代码行。如前所述，gl_PointSize 变量仅用于点精灵图元。另外，当设置直线图元的宽度时，可在 GLES20.glDrawArrays 之前先调用 GLES20.glLineWidth(float width)。相应地，默认宽度值为 1.0。

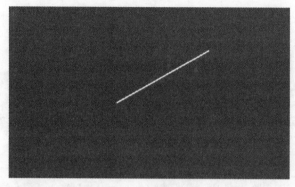

图 3.11　直线图元

3.7.1　varying 变量

类似于着色器，片元着色器也包含特殊的输入变量，即 varying 变量。此类变量特殊之处在于存储顶点着色器的输出结果以及片元着色器的输入数据。

varying 变量在图元间执行插值计算，当生成梯度值或执行纹理和法线插值计算（详细内容可参考第 5 章）时，该方法十分有效，如图 3.12 所示。

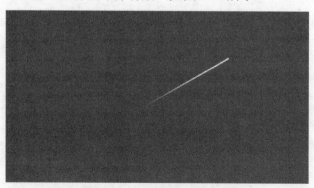

图 3.12　在顶点着色器中使用 varying 变量

当采用 varying 变量时，应在顶点着色器和片元着色器中进行声明，以使其在两个着色器间保持一致。为了进一步理解这一概念，可引入 Chapter3 文件夹中的存档文件 glvarying.zip，这将向当前工作区内载入 GL VARYING 应用程序。当浏览 Renderer 类中的内容时，相关内容将渲染一条直线。

　　首先应注意 Renderer 类中的 initShapes 方法，除了基于顶点位置的浮点数组（lineVFA）之外，该方法还包含另一个数组 lineCFA。该数组中的前 4 个数据(0, 0, 1, 1)表示为蓝色；而后 4 个数据(1, 1, 0, 1)表示为黄色。逐顶点颜色数据通过 ES 2.0 函数 glVertexAttribPointer 传递至 attribute 变量 aColor 中（回忆一下，attribute 浮点数组作为 FloatBuffer 予以传递），如程序清单 3.21 所示。

程序清单 3.21　GL VARYING/src/com/apress/android/glvarying/GLES20Renderer.java

```
public void onDrawFrame(GL10 gl) {
 GLES20.glClear(GLES20.GL_COLOR_BUFFER_BIT |GLES20.GL_DEPTH_BUFFER_BIT);
 GLES20.glUseProgram(_lineProgram);
 GLES20.glVertexAttribPointer(_lineAVertexLocation, 3,GLES20.GL_FLOAT,
 false, 0, _lineVFB);
 GLES20.glEnableVertexAttribArray(_lineAVertexLocation);
 GLES20.glVertexAttribPointer(_lineAColorLocation, 4,GLES20.GL_FLOAT,
 false, 0, _lineCFB);
 GLES20.glEnableVertexAttribArray(_lineAColorLocation);
 GLES20.glLineWidth(3);
 GLES20.glDrawArrays(GLES20.GL_LINES, 0, 2);
}
```

　　下面考察顶点着色器和片元着色器，如程序清单 3.22 所示。这里，应注意 varying 变量 vColor 与各着色器之间的共享方式。如前所述，两个着色器中的变量类型应匹配。

程序清单 3.22　GL VARYING/src/com/apress/android/glvarying/GLES20Renderer.java

```
private final String _lineVertexShaderCode =
  "attribute vec4 aPosition;"
 + "attribute vec4 aColor;"
 + "varying vec4 vColor;"
 + "void main() {"
 + " vColor = aColor;"
 + " gl_Position = aPosition;"
 + "}";

private final String _lineFragmentShaderCode =
  "#ifdef GL_FRAGMENT_PRECISION_HIGH \n"
 + "precision highp float;"
 + "#else \n"
 + "precision mediump float;"
 + "#endif \n"
```

```
+ "varying vec4 vColor;"
+ "void main() {"
+ " gl_FragColor = vColor;"
+ "}";
```

在顶点着色器内，vColor 从 attribute 变量 aColor 中接收逐顶点颜色数据（蓝色和黄色）。当渲染管线通过片元着色器处理各片元时，将在图元上对逐顶点数据执行插值计算（也就是说，历经图元占据的对应片元），这也是直线图元在一个端点的蓝色数据插值为另一端点的黄色数据的原因，如图 3.12 所示。

在 3.5 节曾讨论过，各个片元着色器须针对浮点类型显式声明一个默认位置，例如 vec4，因而程序清单 3.22 中，片元着色器上方添加了额外的代码（更多内容可参考 3.5.3 小节）。

3.7.2　三角形图元

类似于直线图元，三角形图元需要针对 glDrawArrays 函数设置相应的参数，如图 3.13 所示。其中，mode 参数须设置为 GLES20.GL_TRIANGLES，而 count 则需要确定为 3 的倍数（如果将该值设置为 0，则只能得到所谓的虚构三角形）。

图 3.13　通过 glDrawArrays 函数渲染三角形

三角形图元的渲染过程留予读者以作练习，若读者无法理解其中的难点，则可导入本章源代码的存档文件 gltriangle.zip，并将 GLTRIANGLE 应用程序载入至 Eclipse 工作区内。

如前所述，在 ES 2.0 中，可采用同一类型的图元组合渲染各种对象，下面考察基于两个三角形图元的矩形渲染过程。

当 glDrawArrays 函数的 mode 参数设置为 GL_TRIANGLES 时，可设置一个 float 顶点数组并构成一个封闭环，进而渲染矩形。当针对此类点集调用 glDrawArrays 函数时，需要将 count 参数设置为 6 并予以传递。程序清单 3.23 中的 float 数组表示为上、下两个三角形的 3 顶点集合。

程序清单 3.23　GL RECTANGLE/src/com/apress/android/glrectangle/GLES20Renderer.java

```
float rectangleVFA[] = {
 0, 0, 0,
 0, 0.5f, 0,
 0.75f, 0.5f, 0, // upper triangle
 0.75f, 0.5f, 0,
 0.75f, 0, 0,
 0, 0, 0, // lower triangle
};
```

此处须对 GL POINT ADVANCED 应用程序进行 3 处调整，方可获得如图 3.14 所示的三角形，其中包括：

（1）从顶点着色器（_pointVertexShaderCode）中移除 gl_PointSize = 15.0; \n 代码行。

（2）使用程序清单 3.23 中的点数据替换 pointVFA 数组中的内容（位于 initShapes 方法内）。

（3）将 GLES20.glDrawArrays 方法调整为 GLES20.glDrawArrays(GLES20.GL_TRIANGLES, 0, 6);。

图 3.14　通过三角形图元渲染矩形

3.8　标准化设备坐标系

为了简化讨论过程，OpenGL ES 假设图元所定义的顶点（参见程序清单 3.24）用于 3D 场景，即标准化立方体。因此，该立方体内的全部顶点位于[1, 1, 1]~[-1, -1, -1]范围内。对此，可导入本章源代码中的存档文件 ndc.zip。

程序清单 3.24　NDC/src/com/apress/android/ndc/GLES20Renderer.java

```
float triangleVFA[] = {
  -1.0f, 0.0f, 0.0f,
   1.0f, 0.0f, 0.0f,
   0.0f, 1.0f, 0.0f
};
```

通过观察可知，NDC 应用程序中的 Renderer 类尝试渲染一个三角形图元。在 initShapes 方法内，基于位置的 float 数组（triangleVFA）其定义方式如程序清单 3.24 所示。

当运行该程序时，可获得如图 3.15 和图 3.16 所示的结果（分别对应于竖向模式和横向模式）。如前所述，OpenGL ES 假设三角形图元顶点根据标准化立方体加以确定，当图形通过 OpenGL ES 进行渲染时；该立方体场景投影至显示屏幕的 2D（矩形）空间内，进而使其处于倾斜状态，如图 3.15 和图 3.16 所示。

图 3.15　标准化散设备坐标系（纵向模式）

OpenGL ES 通过标准化坐标系渲染某一对象（即图元或同类型图元组合）。标准化设备坐标系（NDC）可描述为：设备屏幕对应于单位立方体，因而该立方体内的全部点（x，y，z）位于[1, 1, 1]~[-1, -1, -1]范围内，如图 3.17 所示。

另外，左手规则也是该坐标系的一个重要特征，也就是说，坐标系内的(0, 0, -1)点与 (0, 0, 1)点相比更接近于观察者。除了 NDCS 之外，图形管线的顶点渲染过程还包含其他坐标系。经转换后，NDCS 可实现真实的场景操作，因而本章对其加以重点讨论。

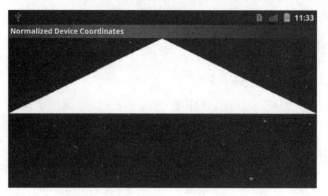

图 3.16　标准化散设备坐标系（横向模式）

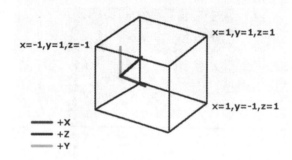

图 3.17　标准化 3D 空间

3.9　3D 转换

在第 2 章中曾提及，3D 转换可视为 3D 图形渲染 API 中不可或缺的功能，通过矩阵中操作，可用于改变对象的尺寸、方向以及位置。下面将对 ES 2.0 应用程序中的各种转换以及操作顺序加以讨论。

3.9.1　转换类型

3D 转换包含下列 3 种类型：
- 几何/模型转换。
- 坐标/视图转换。

    ❑　　透视/投影转换。

当采用几何转换时，某一对象可转换至新的位置（平移转换）、尺寸（缩放转换）以及方向（旋转转换）。此类转换仅应用于对象上，而非所处的坐标系，这也是此类转换的主要特征。

几何转换矩阵（平移、旋转以及缩放矩阵）需要针对各轴设置对应因子。因此，当沿 x 轴平移某一对象时，例如从(1, 0, 0)至(5, 0, 0)，则需要通过 x 轴和因子 4 更新平移矩阵，如图 3.18 所示。

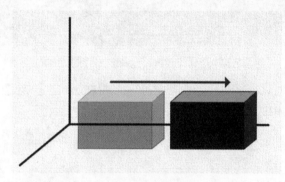

图 3.18　沿+x 轴平移

坐标（或视图）转换类似于几何转换，但二者间存在一个显著的差别。对应操作将不再影响到某一对象，相反，坐标转换将对观察者产生影响，进而生成与几何转换类似的结果，如图 3.19 和图 3.20 所示。

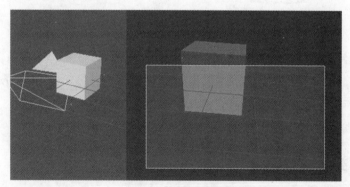

图 3.19　视图转换

几何转换需要在各轴上使用相关因子，而坐标转换则会使用到视图信息。此类信息包括观察者（眼睛）的位置、查看中心位置以及观察者头部的法线，即图 3.19 和图 3.20 中 Blender 相机上方的箭头。

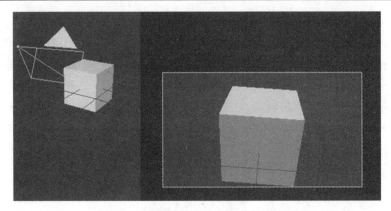

图 3.20　视图转换，改变观察者的位置

当采用投影转换时，远离观察者的对象通常显得较小，该转换通过视见体向 3D 空间提供投影，即图 3.21 中的视锥体。

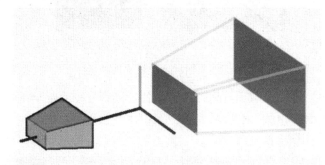

图 3.21　视见体

针对显示屏幕的 2D（矩形）空间，投影转换可控制其上的 NDCS 立方体投影结果，如图 3.17 所示，这将有助于移除渲染图像的倾斜效果（由于限定了视见体，当方向改变时，图形将不再被拉伸）。除此之外，最终的坐标系将演变为右手坐标系（也就是说，与点(0, 0, -1)相比，点(0,0,1)将更靠近观察者）。

3.9.2　矩阵类

大多数图形渲染 API 并不提供内建的转换函数，但"托管"此类 API 的框架通常会提供相同的工具方法。再次强调，Android 通过 android.opengl.Matrix 类（不要与 android.graphics.Matrix 类混淆）针对转换操作提供了有效的方法，源自该类的矩阵数学工具可方便地执行转换操作。

几何/模型转换包括：

❑ Matrix.translateM(float[] m, int mOffset, float x, float y, float z)方法。该方法沿 x 轴、y 轴和 z 轴且通过 x、y、z 平移矩阵 m（需要注意的是，针对 Matrix 类的全部方法，可将 mOffset 参数设置为 0，即 0 偏移）。

❑ Matrix.rotateM(float[] m, int mOffset, float a, float x, float y, float z)方法。该方法通过围绕特定轴的角度 a（以度计算）旋转矩阵 m。

❑ Matrix.scaleM(float[] m, int mOffset, float x, float y, float z)方法。该方法分别沿 x 轴、y 轴和 z 轴且通过 x、y、z 缩放矩阵 m。

坐标/视见转换包括：

Matrix.setLookAtM(float[] m, int mOffset, float eyeX, float eyeY, floateyeZ, float centerX, float centerY, float centerZ, float upX, float upY,float upZ)方法。该方法根据视见点（即观察者的位置）定义了一个视见矩阵 m、视见中心和一个向上向量。

透视/投影转换包括：

Matrix.frustumM(float[] m, int mOffset, float left, float right, floatbottom, float top, float near, float far)方法。该方法根据 6 个剪裁面定义了投影矩阵 m。

当执行上述转换时，需要将对应矩阵与对象关联（再次说明，对象表示为某一图元或同类图元的组合结果），其中包括 3 个阶段。首先，可在顶点着色器中声明 uniform 输入变量；随后，可将该变量与 attribute 变量相乘，进而执行逐顶点位置数据的转换；最后，可从"外部"向 uniform 变量传递数据。读者可能已经猜到，该数据由 Java 的 float 数组构成。

下面将结合具体的应用示例加以描述，但首先需要与组合转换相关的重要概念。在几乎所有示例中，当在交互式 ES 2.0 应用程序中的对象转换协同工作时，须结合使用模型转换、视见转换和投影转换。对此，可使用单一矩阵表达全部转换，通常称作 MVPmatrix（即模型-视图-投影转换）。该名称也体现了转换操作的组合顺序，并以单一矩阵加以显示。相应地，可首先使用任意模型转换更新 MVPmatrix，即平移方法；随后，可通过 setLookAtM 方法执行更新，进而实现视图转换；最后，可采用 frustumM 方法完成投影转换。需要注意的是，考虑到矩阵的工作方式，该顺序（即模型-视图-投影）在实现组合转换时尤为重要。

可从本章源代码中导入 glcube.zip 存档文件，这将向当前工作区内载入 GL CUBE 应用程序。首先，可查看 Renderer 类中的 onSurfaceChanged 方法。

setLookAtM 方法根据视点(−13, 5, 10)、视见中心(0, 0, 0)以及向上向量(0, 1, 0)定义了视图矩阵（名为_*Matrix 的字段表示为尺寸为 16 的 float 数组），如程序清单 3.25 所示。

程序清单 3.25　GL CUBE/src/com/apress/android/glcube/GLES20Renderer.java

```
float ratio = (float) width / height;
float zNear = 0.1f;
float zFar = 1000;
float fov = 0.75f; // 0.2 to 1.0
float size = (float) (zNear * Math.tan(fov / 2));
Matrix.setLookAtM(_ViewMatrix, 0, -13, 5, 10, 0, 0, 0, 0, 1, 0);
Matrix.frustumM(_ProjectionMatrix, 0, -size, size, -size / ratio, size /
ratio, zNear, zFar);
Matrix.multiplyMM(_MVPMatrix, 0, _ProjectionMatrix, 0, _ViewMatrix, 0);
```

在程序清单 3.25 中，setLookAtM 方法上方的代码片段（即 float ratio = (float) width/ height 与 float size = (float) (zNear * Math.tan(fov / 2))之间的代码行）用于准备 frustumM 方法参数，该方法根据左右、上下以及远近平面定义了视见空间。最后，还可通过 android.opengl.Matrix 类中的另一个工具方法 multiplyMM，并将_ProjectionMatrix * _ViewMatrix 结果存储至_MVPMatrix 中。

在 GL CUBE 应用程序中，若使用任意模型转换（例如旋转操作），则程序清单 3.25 中的最后一行代码将类似于程序清单 3.26（即 Chapter3/gltankfenceelements1.zip）。这将把 _ProjectionMatrix * _ViewMatrix * _RMatrix 的结果存储于_MVPMatrix 中。在程序清单 3.26 中，_RMatrix 存储旋转类型的模型转换。

程序清单 3.26　TANK FENCE ELEMENTS 1/src/com/apress/android/tankfenceelements1/

GLES20Renderer.java

```
Matrix.multiplyMM(_MVPMatrix, 0, _ViewMatrix, 0, _RMatrix, 0);
Matrix.multiplyMM(_MVPMatrix, 0, _ProjectionMatrix, 0, _MVPMatrix, 0);
```

在顶点着色器内（如程序清单 3.27 所示），声明了一个 uniform 变量（类似于 attribute 变量的声明方式）。此处 uniform 变量存储只读变量，通常用于存储须"外部"更新的数据值，例如转换矩阵。此类变量仅在顶点着色器内读取。当执行几何转换时，可在运行期内通过 ES 2.0 函数 GLES20.glUniformMatrix4fv 将数据传递至 uniform 变量中。

程序清单 3.27　GL CUBE/src/com/apress/android/glcube/GLES20Renderer.java

```
private final String _cubeVertexShaderCode =
  "attribute vec3 aPosition;"
+ "attribute vec4 aColor;"
+ "varying vec4 vColor;"
+ "uniform mat4 uMVP;"
+ "void main() {"
+ " vColor = aColor;"
```

```
+ " vec4 vertex =
vec4(aPosition[0],aPosition[1],aPosition[2],1.0);"
+ " gl_Position = uMVP * vertex;"
+ "}";
```

变量 gl_Position 最终赋值为 uMVP * vertex。在该乘法运算中，矩阵位于逐顶点位置数据之前，其原因在于：OpenGL ES 中的矩阵（mat2、mat3 和 mat4）以列优先方式存储（因此，Matrix 类中的方法与将对列向量矩阵进行操作）。需要注意的是，若 main 函数中的顶点变量表示为 vec3 类型，由于 uniform 变量 uMVP 为 mat4 类型（即方阵），因而乘法计算结果无效。

类似于 glGetAttribLocation，glGetUniformLocation 用于获取 uniform 变量的位置。相应地，Renderer 类中的_cubeUMVPLocation 字段负责存储该位置。另外，uniform 变量的位置通过_cubeUMVPLocation = GLES20.glGetUniformLocation(_cubeProgram, "uMVP");语句予以存储。

最终，该值通过调用 GLES20.glUniformMatrix4fv(_cubeUMVPLocation, 1, false, _MVPMatrix, 0)载入至 uniform 变量中。图 3.22 中的立方体渲染操作尚未完成，其他工作留予读者以作练习。

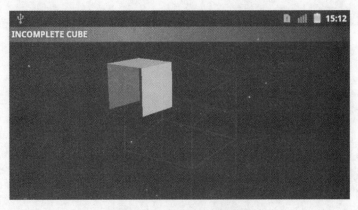

图 3.22　GL CUBE 应用程序

3.10　状　态　管　理

如前所述，ES 2.0 渲染管线包含不同阶段，并可对其开启或禁用。下面查看渲染管线中的两个较为重要的阶段。

3.10.1　剔除表面

当渲染三角形图元时，渲染管线可确定该图元的背面和正面，该判断过程依据三角形（得到）的方向，即顺时针（CW）或逆时针（CCW）。随后通过 GL_CULL_FACE 状态，可剔除（丢弃）背面或正面三角形。

【提示】在剔除机制的帮助下，应用程序无须针对丢弃对象发送绘制命令，进而可显著提升渲染性能。

为了进一步理解这一概念，可导入存档文件 Chapter3/glcullface.zip，这将把 GL CULL FACE 应用程序载入至当前工作区内（该示例程序与 GL CUBE 应用程序基本类似）。

当查看定义于 cubeVFA 中的逐顶点位置数据时（如程序清单 3.28 所示），将会发现其中包含了 6 个三角形（对应输出结果类似于图 3.22），两个三角形分别对应于背面和正面，而另两个三角形则对应于尚未完成的立方体的上表面，如图 3.22 所示。

程序清单 3.28　GL CULL FACE/src/com/apress/android/glcullface/GLES20Renderer.java

```
float[] cubeVFA = {
  0,0,-4,
  0,2,-4,
  2,2,-4, // back half
  2,2,-4,
  2,0,-4,
  0,0,-4, // back half
  2,2,-4,
  0,2,-4,
  0,2,-2, // top half
  0,2,-2,
  2,2,-2,
  2,2,-4, // top half
  2,2,-2,
  0,2,-2,
  0,0,-2, // front half
  0,0,-2,
  2,0,-2,
  2,2,-2, // front half
};
```

背面三角形的各个顶点以 CW 方式排列，而其他顶点则通过 CCW 方式排列。这将丢弃 CW 排列方向的三角形（即顶点以 CW 方式排列的三角形）。为了将剔除状态有效地告知渲染，可执行程序清单 3.29 所示的代码。

程序清单 3.29　GL CULL FACE/src/com/apress/android/glcullface/GLES20Renderer.java

```
GLES20.glEnable(GLES20.GL_CULL_FACE);
GLES20.glCullFace(GLES20.GL_BACK);
GLES20.glFrontFace(GLES20.GL_CCW);
```

首先，可开启 GL_CULL_FACE 状态，随后使用 ES 2.0 函数 glCullFace，并定义所剔除的表面，即 GL_FRONT 或 GL_BACK。其中，默认状态为 GL_BACK。最后，可通过 glFrontFace 定义前向方向，最终可获得如图 3.23 所示的结果（而非图 3.22 中显示的结果）。

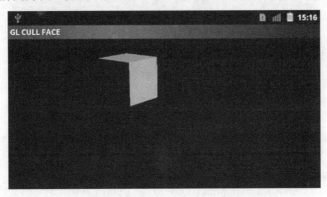

图 3.23　GL CULL FACE 应用程序

3.10.2　深度测试

除了颜色缓冲区之外，还存在与 EGL 窗口关联的其他帧缓冲区，例如深度缓冲区，该缓冲区用于剔除隐藏表面。对于 OpenGL 表面上的各个像素，深度缓冲区用于记录（对象）顶点与观察者之间的距离，进而确定颜色缓冲区所保留的片元颜色。因此，如果顶点 B 位于顶点 F 后方，深度缓冲区将存储顶点 F 的位置（如果可能，还将针对当前像素进一步比较其他顶点），并存储对应于颜色缓冲区中匹配像素的片元。

如果 Renderer 类中仅采用独立的 ES 2.0 程序（program），则会自动执行"深度测试"。然而，如果存在多个程序，则需要通过 GLES20.glEnable(GLES20.GL_DEPTH_TEST) 调用显式地开启深度测试。否则，由最后一个程序渲染的对象将视为位于前次程序渲染对象的上方，即更接近于观察者。

由于 NDCS 定义为左手坐标系，因而深度测试可能会产生不可预料的结果。对此，可在开启深度测试（GL_DEPTH_TEST）之后添加 GLES20.glDepthRangef(1, 0); 一行代码，进而将 NDCS 调整为右手坐标系。如前所述，可采用 MVPmatrix 并转换逐顶点位置实现这一目标。为了深入理解这一问题，可查看应用 GL DEPTH TEST 程序（Chapter3/gldepthtest.zip）中的 Renderer 类（GLES20Renderer）。该类中的各程序渲染直线图元，并使用 MVPmatrix 转换逐顶点位置，如图 3.24 所示。

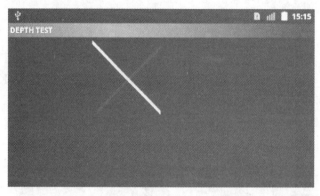

图 3.24　GL DEPTH TEST 应用程序

3.11　本 章 小 结

本章讨论了基于 Android 的 OpenGL ES 2.0 环境，其中包括：

❑　EGL 可在 OpenGL ES 2.0 API 与 Android 之间进行连接。

❑　GLSurfaceView 类用于管理 EGL 窗口，即渲染表面。

❑　渲染线程用于渲染 EGL 窗口上的 3D 图形。

在了解了 UI/main 线程和渲染线程之间的关系后，本章展示了相关的应用程序，以使读者进一步了解 OpenGL ES 2.0 API 的基本概念，ES 2.0 中图元的绘制方法，例如点、直线和数据项。另外，转换操作可有效地操控 3D 图形的视图设置。

第 4 章将与 Blender 软件协同工作，并对 Tank Fence 游戏中的对象进行建模。同时，还将探讨解析器的应用方式，并将此类对象整合至 ES 2.0 应用程序中。

第 4 章　3D 建模

本章将讨论如何通过开源软件 Blender 对 3D 对象进行建模。首先，读者需要了解 Blender 界面的基本知识，以及 Tank Fence 游戏中对象的建模方式。最后，读者还将使用解析器读取并操控网格数据，并查看此类对象与 ES 2.0 应用程序之间的整合方式。

4.1　通过 glDrawElements 绘制几何形状

当确定期望图元类型并在 OpenGL 表面上执行渲染操作时，可使用 ES 2.0 函数 glDrawArrays 或 glDrawElements。

第 3 章曾讨论了 ES 2.0 函数 glDrawArrays，该函数通常不用于 ES 2.0 应用程序的图元渲染操作，例如游戏，其原因在于，当创建 3D 建模软件中的游戏对象时，该对象包含了大量的网格，顶点共享导致基于顶点位置的 float 数组生成冗余数据，如程序清单 4.1 所示。最终，通过该数组将生成顶点缓冲区（FloatBuffer）内的冗余数据。第 3 章针对任意顶点数据提供了相应的示例程序（Chapter3/glrectangle.zip）。

程序清单 4.1　GL RECTANGLE/src/com/apress/android/glrectangle/GLES20Renderer.java

```
float rectangleVFA[] = {
 0, 0, 0,
 0, 0.5f, 0,
 0.75f, 0.5f, 0,
 0.75f, 0.5f, 0, // duplication
 0.75f, 0, 0,
 0, 0, 0, // duplication
};
```

为了避免冗余问题，可采用 glDrawElements 函数，并提供由独立对象顶点构成的 float 数组，以及另一个由索引构成的（short 类型）数组，进而访问表达图元的顶点（源自 float 数组）。

【提示】网格可视为一类基本形状，例如三角形，并可在诸如 Blender 建模软件中用于表示真实的场景对象，4.2 节将对此加以讨论。

4.1.1　GL POINT ELEMENTS 应用程序

此处可通过 glDrawElements 函数替换 GL POINT ADVANCED 应用程序（Chapter3/ glpointadvanced.zip）中的 glDrawArrays 调用，且对应结果不会产生任何变化。在 GL POINT ADVANCED 应用程序中的 Renderer 类中，读者须留意 initShapes 方法。该方法针对顶点数组构建了 FloatBuffer（如程序清单 4.2 所示），同时针对索引数组定义了一个 ShortBuffer，如程序清单 4.3 所示。

程序清单 4.2　GL POINT ADVANCED/src/com/apress/android/glpointadvanced/

GLES20Renderer.java

```java
private void initShapes() {
  float[] pointVFA = {
    0.1f,0.1f,0.0f, // first quadrant
    -0.1f,0.1f,0.0f, // second quadrant
    -0.1f,-0.1f,0.0f, // third quadrant
    0.1f,-0.1f,0.0f // fourth quadrant
  };
  ByteBuffer pointVBB = ByteBuffer.allocateDirect(pointVFA.length * 4);
  pointVBB.order(ByteOrder.nativeOrder());
  _pointVFB = pointVBB.asFloatBuffer();
  _pointVFB.put(pointVFA);
  _pointVFB.position(0);
}
```

程序清单 4.3　GL POINT ELEMENTS/src/com/apress/android/glpointelements/

GLES20Renderer.java

```java
private void initShapes() {
  float[] pointVFA = { // vertex (float) array
   0.1f,0.1f,0.0f, // 0
   -0.1f,0.1f,0.0f, // 1
   -0.1f,-0.1f,0.0f, // 2
   0.1f,-0.1f,0.0f // 3
  };
  ByteBuffer pointVBB = ByteBuffer.allocateDirect(pointVFA.length * 4);
  pointVBB.order(ByteOrder.nativeOrder());
  _pointVFB = pointVBB.asFloatBuffer();
  _pointVFB.put(pointVFA);
  _pointVFB.position(0);
```

```
short[] pointISA = { // index (short) array
  0,1,2,3
};

ByteBuffer pointIBB = ByteBuffer.allocateDirect(pointISA.length * 2);
pointIBB.order(ByteOrder.nativeOrder());
_pointISB = pointIBB.asShortBuffer();
_pointISB.put(pointISA);
_pointISB.position(0);
}
```

待通过_pointVFB.position(0)设置 FloatBuffer 的位置后，可定义一个 short 数组存储数组 pointVFA 中得到的索引位置（由 0 开始），如程序清单 4.3 所示。若希望渲染该顶点数组中的全部顶点，则可存储该 short 数组（即 pointISA）中的全部索引{0, 1, 2, 3}。随后，可将该索引数组存储于 ShortBuffer 中，如程序清单 4.3 所示。此处，_pointISB 表示为 ShortBuffer 类型中的一个字段（即成员变量）。

最后，在 onDrawFrame 方法内，移除 glDrawArrays 调用，并利用程序清单 4.4 中的代码行予以替换。

程序清单 4.4　GL POINT ELEMENTS/src/com/apress/android/glpointelements/
GLES20Renderer.java

```
GLES20.glDrawElements(GLES20.GL_POINTS, 4, GLES20.GL_UNSIGNED_SHORT, _pointISB);
```

glDrawElements 函数接收 4 个参数。其中，第一个参数为 mode（即图元类型）；第二个参数表示为存储于索引数组中的索引数量（若定义为 3 而非 4，则第四象限中的点精灵对象不会被渲染）；第三个参数为索引数组的数据类型；最后一个参数定义为索引数组缓冲区或地址（第 5 章将对该地址参数加以讨论）。在程序清单 4.4 中，对应参数分别为 GL_POINTS、4、GL_UNSIGNED_SHORT 以及 ShortBuffer 类型的_pointISB。

关于 Renderer 类中的全部变化，可导入 Chapter4/glpointelements.zip 存档文件，这将把 GL POINT ELEMENTS 应用程序载入至当前工作区内。需要注意的是，如果移除在 main 函数外部的精度设置，着色器_pointFragmentShaderCode 依然可工作。

4.1.2　绘制直线和三角形图元

图 4.1 显示了基于直线图元和 glDrawElements 的线框矩形生成方式。对此，可将存档文件 Chapter3/glline.zip 导入至当前工作区内，并对 GL LINE 中的 Renderer 类进行适当调整。

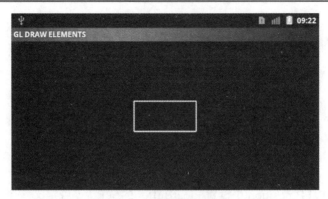

图 4.1　绘制直线图元

initShapes 方法利用矩形独立顶点初始化顶点数组 lineVFA。待将该顶点数组存储为 FloatBuffer 后，可创建索引数组以访问 lineVFA 中的顶点。其中，各直线图元需要使用到两个顶点，因此，当根据直线图元构建一个线框矩形时，需要使用 4 个顶点集合（分别包含两个顶点）。取决于 lineVFA 中所使用的顶点，可生产包含 8 个索引的索引数组，如程序清单 4.5 所示。其中，_lineISB 作为一个（ShortBuffer）缓冲区存储索引数组，并作为一个成员变量加以声明。

程序清单 4.5　GL LINE ELEMENTS/src/com/apress/android/gllineelements/
GLES20Renderer.java

```java
private void initShapes() {
  float lineVFA[] = {0.2f,0.2f,0.0f, -0.2f,0.2f,0.0f, -0.2f,-0.2f,0.0f,
0.2f,-0.2f,0.0f};
  ByteBuffer lineVBB = ByteBuffer.allocateDirect(lineVFA.length * 4);
  lineVBB.order(ByteOrder.nativeOrder());
  _lineVFB = lineVBB.asFloatBuffer();
  _lineVFB.put(lineVFA);
  _lineVFB.position(0);

  short lineISA[] = {0,1, 1,2, 2,3, 3,0}; // 1,2 & 3 duplicated
  ByteBuffer lineIBB = ByteBuffer.allocateDirect(lineISA.length * 2);
  lineIBB.order(ByteOrder.nativeOrder());
  _lineISB = lineIBB.asShortBuffer();
  _lineISB.put(lineISA);
  _lineISB.position(0);
}
```

最后，当渲染线框矩形时，可通过 glDrawElements 替换 glDrawArrays 调用，并使用适当的参数。

在程序清单 4.6 中，mode 参数定义为 GL_LINES，count 参数为 8，type 参数为 GL_UNSIGNED_SHORT，最后一个参数表示为 ShortBuffer 类型。

程序清单 4.6　GL LINE ELEMENTS/src/com/apress/android/gllineelements/
GLES20Renderer.java

```
GLES20.glDrawElements(GLES20.GL_LINES, 8,GLES20.GL_UNSIGNED_SHORT, _lineISB);
```

三角形图元的渲染过程则留予读者以作练习，如遇问题，可查看 GL TRIANGLE ELEMENTS 应用程序中的 Renderer 类（Chapter4/gltriangleelements.zip），对应运行结果如图 4.2 所示。

图 4.2　使用 glDrawElements 的三角形图元

前述内容阐述了基于 glDrawElements 和三角形图元的矩形构建方式，对应结果如图 4.3 所示。再次强调，前期工作可从 GL RECTANGLE 应用程序（Chapter3/glrectangle.zip）中 Renderer 类的调整开始。

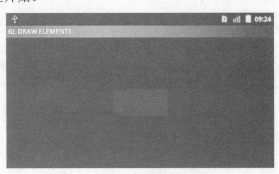

图 4.3　基于三角形的矩形渲染操作

在 initShapes 方法内，移除程序清单 4.1 中 rectangleVFA 顶点数组中的重复顶点，该数组在程序清单 4.7 中加以调整，进而采用不同的顶点加以定义。当采用 glDrawElements 渲染矩形时，该数组须包含对应于矩形角点的独立顶点。

程序清单 4.7　GL RECTANGLE ELEMENTS/src/com/apress/android/glrectangleelements/GLES20Renderer.java

```
float rectangleVFA[] = {
    0.2f,0.2f,0.0f, -0.2f,0.2f,0.0f, -0.2f,-0.2f,0.0f, 0.2f,-0.2f,0.0f
    };
ByteBuffer rectangleVBB = ByteBuffer.allocateDirect(rectangleVFA.length *
4);
rectangleVBB.order(ByteOrder.nativeOrder());
_rectangleVFB = rectangleVBB.asFloatBuffer();
_rectangleVFB.put(rectangleVFA);
_rectangleVFB.position(0);

short rectangleISA[] = {
 0,1,2, // upper triangle
 2,3,0 // lower triangle
};
ByteBuffer rectangleIBB = ByteBuffer.allocateDirect(rectangleISA.length *
2);
rectangleIBB.order(ByteOrder.nativeOrder());
_rectangleISB = rectangleIBB.asShortBuffer();
_rectangleISB.put(rectangleISA);
_rectangleISB.position(0);
```

当前，可通过顶点集定义索引数组（对应于上、下三角形），即程序清单 4.7 中的 short[] rectangleISA。例如，若在 4 个象限中分别使用顶点{A, B, C, D}表示一个矩形，一种索引组合可表示为{0, 1, 2}和{2, 3, 0}，并通过 glDrawElements 函数渲染矩形，该函数的对应 mode 参数为 GL_TRIANGLES。

【提示】glDrawElements 函数通过顶点数组及其对应的索引数组绘制图元序列，该函数有助于移除顶点数组中的冗余数据。在第 5 章将会讲到，OpenGL ES 可缓存近期处理的顶点/索引，并可对其加以复用，且无须再次将其发送至渲染管线中。

最后，可使用程序清单 4.8 中的代码行替换 glDrawArrays 调用。

程序清单 4.8　GL RECTANGLE ELEMENTS/src/com/apress/android/glrectangleelements/
GLES20Renderer.java

```
GLES20.glDrawElements(GLES20.GL_TRIANGLES, 6, GLES20.GL_UNSIGNED_SHORT,
_rectangleISB);
```

在程序清单 4.8 中，传递至 glDrawElements 的参数相对直观，其中，mode 参数（即图元类型）定义为 GL_TRIANGLES；索引数组中索引数量表示为 6；GL_UNSIGNED_SHORT 表示为索引数组的数据类型；最后一个参数则将索引数组确定为 ShortBuffer 类型。需要说明的是，在如图 4.3 所示的输出结果中，由于片元颜色显式地设置为 gl_FragColor = vec4(0,0,1,1)，因而矩形呈现为蓝色。

相信读者已基本理解了 glDrawElements 函数，下面继续讨论与建模软件相关的内容，即 Blender 软件。当使用该软件时，可对 2D/3D 对象进行建模，对应数据可针对 glDrawElements 函数的顶点和索引进行解析。

4.2　Blender 建模软件

Blender 可视为一款强有力的建模、动画、渲染、合成、视频编辑以及游戏创建软件。作为一款开源软件，Blender 支持下列操作系统：

❑　Linux。
❑　Mac OS X。
❑　Windows。
❑　FreeBSD。

读者可访问 www.blender.org 并下载 Blender 软件，该软件支持多种操作系统，读者需对此加以选择。

【提示】在 Windows 和 Mac OS X 操作系统上，Blender 软件的工作方式基本相同，但后者不包含 Alt 键。因此，若读者使用了 Mac 机，全部 Blender 示例中的 Alt 键均替换为 Option 键。

当运行 Blender 软件时，须通过 File 菜单中的 Load Factory Settings 命令加载出厂设置，如图 4.4 所示。

Blender 软件包含了大量的对象工作模式，如图 4.5 所示，此处将对下列内容加以考察：

❑　Object 模式。
❑　Edit 模式。

图 4.4　加载出厂设置

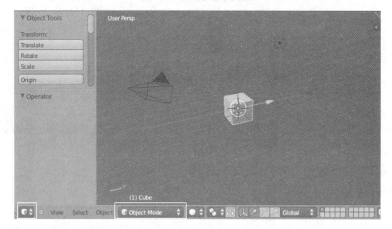

图 4.5　Object Mode 中的 3D View Window

【提示】可按下 Tab 键进而在上述模式间进行切换。

4.2.1　默认布局

如果载入了出厂设置且未调整默认布局，则 Blender 软件包含了下列 5 个基本组件，即窗口（在本章结尾处，图 4.54~图 4.57 显示了窗口屏幕截图），如下所示：

- ❑　位于上方的 Info 窗口。
- ❑　位于中心的 3D 窗口，也称作 3D 视图。
- ❑　位于下方的 Timeline 窗口。
- ❑　位于右上角的 Outliner 窗口。
- ❑　位于右下角的 Properties 窗口。

　　Blender 软件中的全部窗口均包含标题栏，虽然某些标题栏位于窗口下方。图 4.5 显示了 3D View（窗口），其标题栏位于窗口下方（用于 View、Select、Object 等选项）。需要注意的是，图 4.5 显示的全部布局结构体现了当前的 3D View。

　　Info 窗口包含了诸多较为有效的菜单（例如 File、Add 和 Help），且由一个标题栏构成，如图 4.4 和图 4.19 所示。

【提示】读者可暂且忽略 Timeline 窗口，该窗口用于动画操作。

　　Outliner 窗口（如图 4.7 和图 4.8 右半部分内容所示）列出了添加至当前 3D View 场景空间的全部对象，该窗口用于选择、删除以及隐藏 Blender 中的建模对象。

　　Properties 窗口（如图 4.6 所示）显示了功能面板，某一面板表示为一个关联功能集（例如，全部渲染选项集成于 Render 面板中）。Properties 窗口的标题栏显示为一行按钮，即上下文按钮，并可据此选取期望显示的面板集。

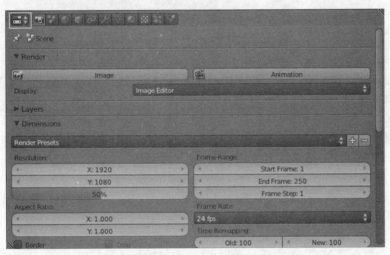

图 4.6　Properties 窗口

　　大多数面板可通过单击三角形标记实现缩放效果，并定位于面板标签的左侧，如图 4.6 所示。与 Properties 窗口类似，3D View 窗口同样包含多个面板，4.2.3 节将对其加以进一步的讨论。

4.2.2　对象模式

　　对象（Object）模式是 Blender 软件中的默认模式，并可据此平移或缩放 3D View 中的对象。

　　默认状态下，场景空间载入一个位于网格表面中心位置的立方体对象。除此之外，相机对象和光源也定位于近网格表面某处。当按 F12 键渲染场景空间时（从相机角度予以查看），光源将有助于提升对象的可见性。此处，F12 键定义为 Blender 软件中 Render Image 命令的快捷键。

【提示】不可尝试修改光源和相机对象的位置，若偶然为之，可简单地重启 Blender 以恢复原始状态。

　　当在 Outliner 窗口中快速选取某一对象时，可单击对应的对象标签（例如 Cube 标签），如图 4.7 所示。同时，用户还可单击 eye 图标以切换对象的可见性。类似地，还可单击 camera 图标切换渲染图像（快捷键为 F12 键）中的对象，如图 4.7 所示。

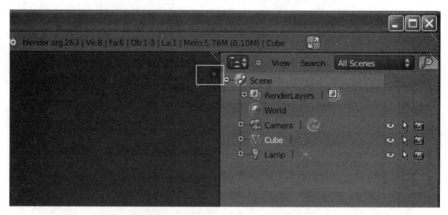

图 4.7　切换 3D View 窗口中的属性

4.2.3　3D View 窗口中的面板

　　3D View 包含了可切换的内容，即工具栏和属性栏。

　　在图 4.5 中，工具栏包含了 ObjectTools 面板，对应按钮可分别平移、旋转和缩放对象。

　　通过单击 3D View 窗口中的"+"按钮，可适当地拉伸属性工具栏，该按钮通常呈高亮显示，如图 4.7 所示。图 4.8 显示了拉伸后的属性工具栏。

　　与 tool shelf→Object Tools 中的功能项不同，此处可在 properties shelf→Transform panel 下列出的功能项中显式地提供转换值。

【提示】此处，读者不可将属性栏（properties shelf，如图 4.7 和图 4.8 所示）与 Properties 窗口混淆（如图 4.6 所示）。

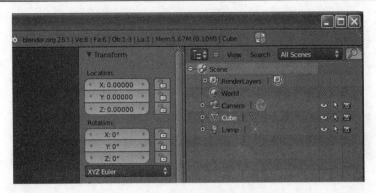

图 4.8　3D View 窗口中的工具栏

4.2.4　平移对象

下面讨论沿某一轴上的对象的平移方式。在 Outliner 窗口内单击 Cube 标签，即可选取场景空间内的某一对象。随后，可在 Object Tools 目标内单击 Transform 标签下方的 Translate 按钮，如图 4.9 所示。

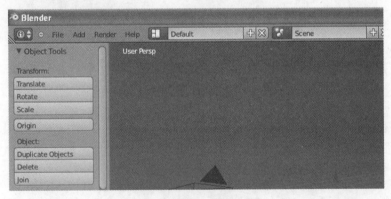

图 4.9　Object Tools 面板

待上述操作完成后，可按下 X 键，场景空间内的立方体对象将沿某一特定轴平移，如图 4.10 所示，即（3D View 中）场景空间内的全局 x 轴。

在 Blender 软件中，沿特定轴向的对象平移称作受限平移，当沿全局 x 轴移动立方体对象时（如图 4.11 所示），还可单击 Translate 按钮并分别按下 Y 键和 Z 键，进而沿 y 轴和 z 轴平移该对象。

如前所述，Object Tools 面板还提供了对象的旋转和缩放操作，读者可在进一步学习之前尝试实现此类操作，对应步骤与立方体对象的平移操作基本相同。

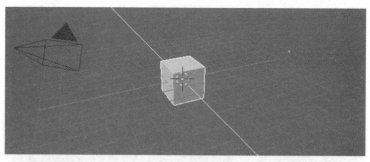

图 4.10　开启受限平移

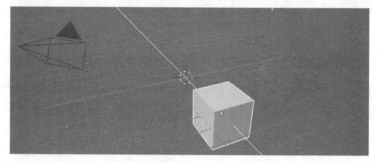

图 4.11　沿全局 x 轴平移立方体对象

4.2.5　使用套索选择命令

针对不同的转换类型，下面讨论如何方便地选取多个对象。首先，可双击打开本章源代码中的 lassoSelect.blend 文件（Blender/lassoSelect.blend）。

lassoSelect Blender 文件向当前场景空间内载入 3 个立方体对象，如图 4.12 所示。另外，立方体也可通过 Info 窗口中的 Add 菜单予以添加。

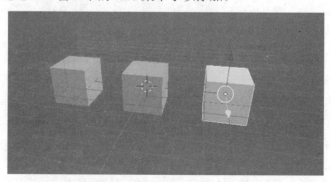

图 4.12　默认场景：lassoSelect Blender 文件

　　当采用套索选择命令选取多个对象时，可按下 Ctrl 键，单击并拖曳鼠标以开启套索功能。当前，可按下鼠标左键，围绕对象拖曳套索，进而围住全部对象，如图 4.13 所示。

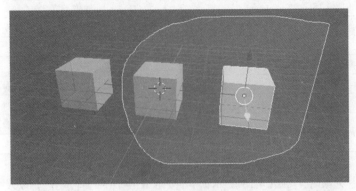

图 4.13　选取多个对象

　　待期望对象被完全包围后，可释放鼠标左键，这将高亮显示所选中的套索对象，如图 4.14 所示，并以此方便地转换多个对象。

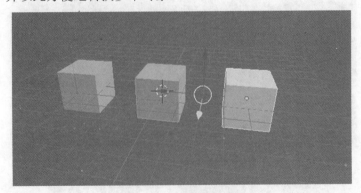

图 4.14　高亮显示的对象

【提示】除了使用位列于 Object Tools 目标下的按钮转换对象之外，还可使用快捷键进行操作。表 4.1 显示了 Blender 软件中常见的快捷键。

表 4.1　对象模式下的快捷方式

快 捷 方 式	描　　述
按下鼠标中键并移动	旋转网格
按下 Shift 键和鼠标中键并移动	平移网格
按下 Ctrl 键并向上转动鼠标滚轮	放大操作
A	切换"全选"操作

续表

快 捷 方 式	描 述
右击	选取对象
Shift 键+右击	切换"多选对象"操作
Ctrl+I	反向选取
Ctrl 键+鼠标左键+移动	套索选取
G+X	沿全局 x 轴移动对象
R+X	沿全局 x 轴旋转对象
S+X	沿全局 x 轴缩放对象
F12	渲染图像

当旋转高亮对象时（如图 4.15 所示），可按下 R 键开启旋转功能，以及另一个键（X、Y 或 Z）对应于对象的旋转轴。针对渲染操作，可按下 F12 键，如图 4.16 所示。

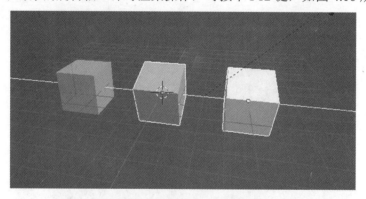

图 4.15　旋转多个对象

图 4.16　渲染图像

类似地，还可分别按下 G 键或 S 键以实现对象的平移和缩放行为。在继续学习之前，读者应尝试通过表 4.1 中的各种快捷键实现多个对象的转换操作。

4.3 游戏对象建模

本节将讨论 Tank Fence 游戏中的对象建模方式，其中包括网格编辑基本示例，以及源自 Info 窗口的 Blender 文件加载方式。

【提示】网格可视为 Blender 软件中的基本形状，并可用于构建各种复杂形状。Blender 中设置了多种不同类型的网格（例如平面、立方体、圆锥体和圆环），对此，可在 Info 窗口的 Add 菜单中进行选取。

当通过改变网格的几何形状（边、面以及顶点）对其进行编辑时，须在 3D View 标题栏中选取 Edit 模式，如图 4.5 所示。另外，通过 Tab 键，还可在 Object 模式和 Edit 模式之间进行切换。

【提示】若意外从当前网格中删除了立方体对象（如图 4.17 所示），可按下 Shift+S 快捷键，并将十字光标置于中心位置处，如图 4.18 所示。同时，可从 Add 菜单中进行选取，进而添加立方体网格，如图 4.19 所示。

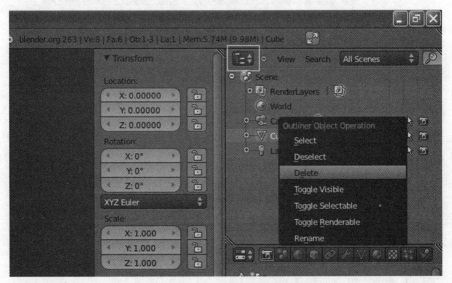

图 4.17 从 Outliner 窗口中删除对象

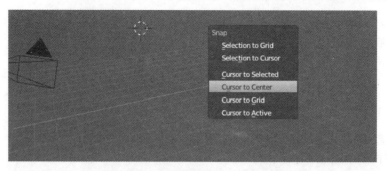

图 4.18　将十字光标定位于中心位置

图 4.19　添加网格

4.3.1　构建等边三角形

在下面的示例中，用户须通过编辑立方体网格进而构建等边三角形。待加入包含立方体网格的新 Blender 文件后，可通过下列步骤编辑该网格。

（1）在 3D View 标题栏中，选择 View→Navigation→Orbit Left 命令，这将围绕立方体网格顺时针移动，如图 4.20 所示。

① 用户还可通过中键+拖曳方式旋转当前网格。

② 上述操作十分有效，用户可从不同角度查看对象。

③ 表 4.1 提供了更为详细的快捷方式。

（2）在 Edit 模式下（Tab 键），放大（Ctrl++）并按下 Z 键可切换线框模式。

① 当对线框进行编辑时，线框模式可方便地纵观网格视图。

② 通过上述操作可方便地选择隐藏顶点、边和表面。

③ 线框模式还可在 3D View 标题栏中选取，如图 4.21 所示。

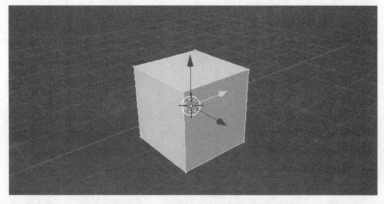

图 4.20 Edit 模式下的立方体网格

图 4.21 3D View 标题栏

（3）按下 A 键可切换"全选"功能操作。

① 在 Edit 模式中，默认的网格选取模式针对顶点有效。因此，但再次按下 A 键时，立方体网格中的全部顶点将被选取。

② 在上述默认模式下，无法使用套索选取边或面，且仅可选取顶点。

【提示】网格选取模式包含如下类型：Vertex select、Edge select 和 Face select。

③ 在图 4.21 中，白框内的高亮按钮用于切换网格的选取模式。如前所述，默认模式为 Vertex select。

（4）当构建等边三角形时，可通过套索方式选取顶点，如图 4.22 所示。

（5）其余顶点可被移除，如图 4.23 所示。对此，可按下 Ctrl+I 快捷键反向选取。

（6）按下 Delete 键可显示包含删除操作的菜单，如图 4.23 所示。选择 Vertices 选项可删除高亮顶点。

（7）按下 A 键可选择全部顶点。在图 4.24 中，3 个顶点被选取，分别表示须创建的等边三角形的角点。

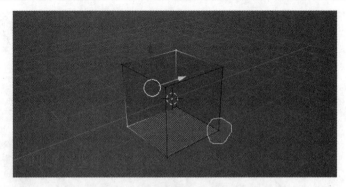

图 4.22　通过套索-方式选择顶点

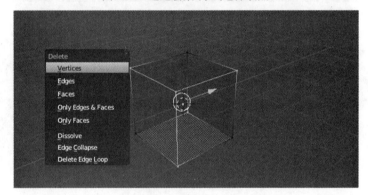

图 4.23　删除 Edit 模式中的顶点

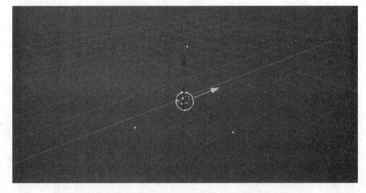

图 4.24　针对创建的等边三角形选取顶点

（8）最后，可按下 F 键，进而从所选的顶点中创建表面。

当前，建模后的形状为等边三角形，如图 4.25 所示，用户可切换至线框模式以更好地查看当前对象。

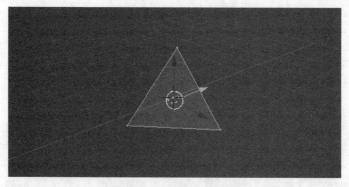

图 4.25　根据顶点创建表面

　　Edit 模式中包含了一个较为有趣的特征，用户可通过右转方式更好地查看三角形对象，如图 4.26 所示。

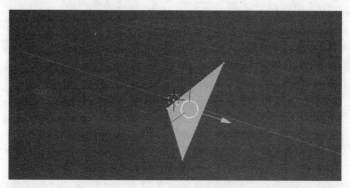

图 4.26　右转三角形

【提示】在 3D View 中，可选择 View→Navigation→Orbit 功能以实现右转操作。回忆一下，用户还可单击鼠标中键，经拖曳后可围绕当前对象转动（旋转网格）。

　　通过 Extrude Region 命令，可将选取部分"挤压"成型。若用户尝试操作套索选取以及网格选取模式（顶点、面和边选取操作），则会理解当前选取内容即为顶点、边、面或对象。若期望将某一三角形（例如图 4.25 中所创建的三角形）挤压成某一 3D 对象，则需要选取一个表面。对此，可简单地右击该表面（选取 Face 模式），当按下 E 键后（即 Extrude Region 命令的快捷键，具体内容可参考表 4.2），即可沿表面法线拉伸该表面，如图 4.27 所示。

　　待等边三角形挤压完毕后，可切换回 Object 模式，进而可更好地查看当前对象，如图 4.28 所示。

表 4.2　编辑快捷方式

快 捷 方 式	描　　述	快 捷 方 式	描　　述
Ctrl+Tab	切换网格选取模式	RightClick	单选顶点、边或面
Ctrl+T	面的三角剖分	Shift+RightClick	多选顶点、边或面
Ctrl+Z	撤销最后一次操作	Delete	显示 Delete 菜单
Shift+Ctrl+Z	恢复操作	G+X	沿全局 X 轴平移选项
Z	切换线框模式	R+X	沿全局 X 轴旋转选项
F	生成面	S+X	沿全局 X 轴缩放选项
E	挤压区域		

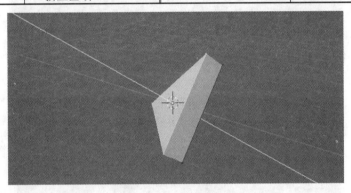

图 4.27　Extrude Region 命令

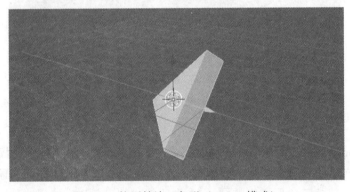

图 4.28　挤压等边三角形（Object 模式）

4.3.2　tank Fence Blender 文件

这里，读者可打开本章源代码中的文件，该文件由上述"挤压"后的等边三角形构成。对象的旋转值根据 properties shelf 加以设置（即图 4.29 中的中间方框），因而该对象几乎与网格表面平行。

　　该对象表示为敌方角色，如图 2.6 所示。在对其进行调整之前，可从 3D View 标题栏中选择 View→Top，这将与 Blender 中的全局轴向对齐，并采用 OpenGL ES 右手坐标系（如图 3.17 所示），进而可方便地编辑添加至 3D View 场景空间内的对象位置。

　　随后，针对 X、Y、Z，可在 properties shelf 中将当前对象设置为{10.0,10.0,0.0}，这将把对象移至网格右上角附近。在 Outliner 窗口中，双击对象标签 Cube，进而重命名当前对象。对此，可将其命名为 Enemy 并按下 Enter 键。类似地，还可将级联标签 Cube（沿"+"按钮方向）重命名为 Enemy，并单击"+"按钮进而显示对象材质。

　　通过拖曳可调光标可拉伸 Outliner 窗口，当鼠标指针位于 Blender 窗口边界处时，可调光标即会显现。此处，可适当地扩展 Outliner 窗口的左侧边界。同时，位于 Outliner 窗口上方或下方的窗口拖曳也会被扩展。下面将重点考察 Properties 窗口，如图 4.29 所示。

图 4.29　Properties 窗口中材质上下文环境

1. 材质上下文环境

　　这里可切换回 Object 模式，并单击 Properties 窗口中的 Material context 按钮，即图 4.29 中的中间方框。待 Enemy 对象选取完毕后，可单击材质上下文中的"-"按钮，进而移除与当前对象关联的材质。

　　当前对象应与某一材质进行链接并实现着色。对此，可创建新的材质库，即图 4.29 中位于下方的高亮方框。相应地，可单击"+"按钮创建新的材质库。随后，可单击 New 按钮并将新材质添加至当前库中，并将名称调整为 Material.001 以实现对应材质的重命名。在 Diffuse 面板下，可将强度值设置为 1.0，进而可清晰地查看到材质的颜色。最后，可直接单击标签 Diffuse 下方的白色横栏，这将显示对应的颜色拾取器。其中，用户也可

输入 RGB 颜色值。针对 Enemy 对象，源代码的全部 Blender 文件均使用了红色（R: 1.0,
G: 0.0, B: 0.0）。

【提示】Outliner 窗口中的对象名以及该对象的两个其他级联名称应彼此等同，且区分
　　　　大小写。如果对象名表示为 Cube，则级联名称也应为 Cube，且下一级级联名称
　　　　同样应为 Cube，如图 4.30 所示（在该图中，对象名定义为 Enemy）。
　　　　这可视为 Perl 解释器的先决条件。基本上，在 obj 和.mtl Blender 文件中，名称
　　　　一致可确保解释器方便地查找与该对象关联的组件。

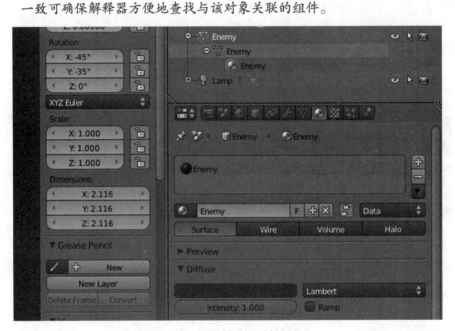

图 4.30　设置材质漫反射颜色

2. 玩家对象

在 Info 窗口的 Add 菜单中，可通过选择 Add→Mesh→Cube 添加立方体网格。类似
于 Enemy 对象，可在 Outliner 窗口内将该对象标签设置为 Player。随后，可移除与该对
象关联的材质，并生成新的材质库。最后，可单击 New 按钮并向该材质库添加新材质。
如前所述，可将材质名设置为当前对象名。当漫反射强度设置为 1.0 后，可将其 RGB 颜
色值设置为(0.0, 0.0, 1.0)。

3. 添加平面网格

如图 2.6 所示，Tank Fence 游戏中包含了某一平面区域，且玩家须对该区域进行保护。
相信读者已经理解了此类平面的添加方式，这里可打开本章源代码中的 tankFence3.blend

文件，该文件包含了到目前为止所做出的全部调整，并包含了对应的平面网格（沿 X 和
Y 缩放至 10.0）。此处，可将材质名设置为 Plane，进而编辑立方体对象 Player。

4．编辑玩家对象

为了简化对象的查看操作，可单击查看 Outliner 窗口中对应的 eye 图标，并以此切换
场景空间内其他对象的可见性。

下面讨论如何将立方体制作成坦克对象，这可通过挤压侧表面并按比例缩放予以实
现。在 Blender 软件中，实际实现过程则稍有不同。

待 tankFence3.blend 文件编辑完毕后（基于材质名），可旋转网格并获得如图 4.31 所
示的配置结果。回忆一下，用户可单击鼠标中键并于随后拖曳鼠标以旋转网格。

图 4.31　配置网格表面

当得到如图 4.31 所示的结果后，经放大后可从 3D View 标题栏中选择 Face 选取模式，
这可针对挤压操作选择任意表面。例如，可选取十字光标所指的正面，如图 4.32 所示。
除此之外，还可通过套索选取或右击表面对其进行选择。

此处无须挤压立方体的整体表面，否则将生成一个长方体。当构建坦克形状时，可
针对所选表面的某一部分执行挤压操作，这也是相关挤压工具的用武之地。当挤压选取
表面的某一部分时，可按下 E 键执行挤压操作。图 4.33 显示了沿表面法线的轴向，另外，
按下 Esc 键即可消除挤压操作。

这将在所选表面的上方形成额外的表面，Blender 自动将这一新表面设置为当前所选
表面。随后，按下 S 键以缩放该表面。此处可将表面向内缩放（如图 4.34 所示），并于随
后将其挤压成坦克炮管形状。

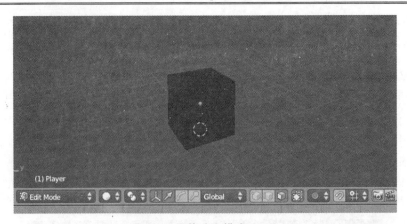

图 4.32　网格选取模式：Face

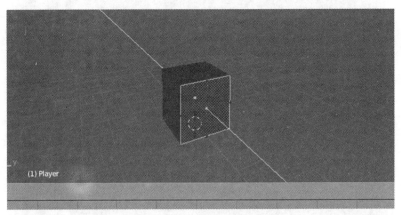

图 4.33　挤压表面

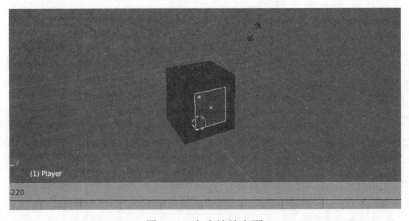

图 4.34　向内缩放表面

最后，待表面缩放完毕后，按下 E 键可对其执行挤压操作，如图 4.35 所示。回忆一下，挤压行为沿表面法线进行。因此，不同于平移操作，此处无须设置针对加压操作的特定轴向。

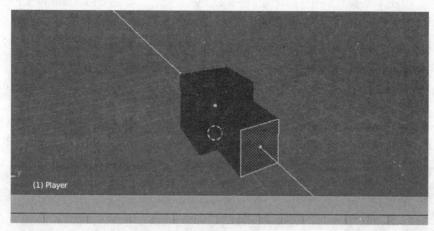

图 4.35　挤压缩放后的表面

4.3.3　导出网格数据

前述内容探讨了 Tank Fence 游戏对象的建模方式，下面讨论如何将网格文件导出至.obj 文件中。如果对前述示例尚存疑问，可查看本章源代码中的 Blender 文件。

【提示】.obj 是 Wavefront Technologies 首次发布的一种基于几何形状定义的文件格式，该文件格式体现了一种简单的数据格式，进而表达 3D 几何旋转，即各顶点的位置、法线、表面（使得各个多边形定义为一个顶点集合）以及纹理顶点。.mtl文件则是一种关联文件格式，并以此描述一个或多个.obj 文件中对象的表面（材质）着色属性。
　　　　关于此类文件格式，读者可访问 http://en.wikipedia.org/wiki/Wavefront_.obj_file获取详细信息。

在深入讨论网格数据的导出操作之前，首先回顾一下本章开始时所学内容。根据前述内容，读者应了解导出的网格数据由三角形构成。

Blender 软件可方便地生成对象的三角剖分表面，对此，在选取某一对象后，可切换至 Edit 模式，并于随后按下 T 键实现表面的三角剖分。

【提示】虽然默认的（网格）选取模式为 Vertex，但 Blender 通常会对三角剖分表面予以关注。

当前，可在本章源代码中打开 tankFence5.blend 文件（即 Blender/tankFence5.blend 文件），该文件由所创建的游戏对象构成，若切换至 Edit 模式，即可观察到全部对象（即对象表面）均已实现了三角剖分。当以.obj 格式（以及关联文件格式.mtl）导出该文件时，须执行下列步骤：

（1）为了确保 Import-Export 扩展组件有效，可选择 File 菜单下的 User Preferences 命令。

（2）在 User Preferences 编辑器中，单击与 Addons 对应的 Context 按钮，随后根据 Categories 面板可选取 Import-Export 选项，如图 4.36 所示。

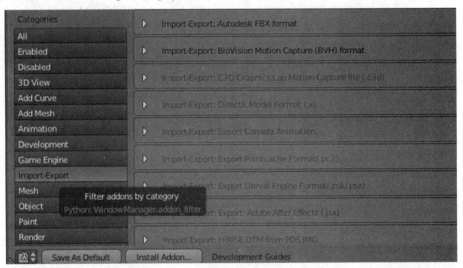

图 4.36　User Preferences: Addons 操作

（3）查看有效的扩展组件列表，并获取对应于.obj 格式的扩展组件，对应组件名称类似于 Wavefront obj format。

（4）检测该扩展组件并在 Blender 中开启该组件，进而可将网格数据导入至.obj 文件中，最后关闭当前编辑器。

（5）在 File 菜单下，选择 Export→Wavefront (.obj)。

（6）在 Export OBJ 面板中，选择 Include Normals 选项。将 Forward:和 Up:分别设置为 Y Forward 和 Z Up。

（7）单击列表 Operator Presets 一侧的 plus 按钮，保存当前配置（即步骤（6）中做出的调整），如图 4.37 所示。

（8）最后单击 Export Obj 按钮，这将把网格数据导出至.obj 文件中（以及另一个.mtl 关联文件）。Obj 或对象-文件-格式包含了各类对象的几何旋转定义；而 Mtl 或材质-文件-格式则涵盖了基于此类对象的材质颜色数据。

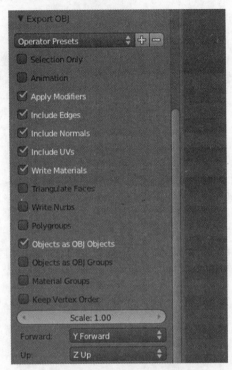

图 4.37　Export OBJ 面板

4.4　基于 OpenGL ES 的对象解释操作

前述内容讨论了 Perl（.obj）解释器的应用方式，并以此解释.obj 文件中的三角剖分网格数据。尽管该解释器仍处于早期阶段（尚不支持对象的纹理），但已展示了相关功能，并可从.obj（以及.mtl）文件中收集下列数据：

❑　可收集与对象相关的基本数据，例如名称和材质。

❑　程序清单 4.9 显示了 tankFence5.obj 文件开始处的代码行，而程序清单 4.10 则展示了 tankFence5.mtl 文件中的代码（可通过文件导出 tankFence5.blend 上述文件）。

程序清单 4.9　Chapter4/Blender/tankFence5.obj

```
# Blender v2.63 (sub 0) OBJ File: 'tankFence5.blend'
# www.blender.org
mtllib tankFence5.mtl
o Plane
v 10.000000 -10.000000 0.000000
v -10.000000 -10.000000 0.000000
v 10.000000 10.000000 0.000000
v -10.000000 10.000000 0.000000
vn 0.000000 0.000000 1.000000
usemtl Plane
s off
f 3//1 4//1 2//1
f 1//1 3//1 2//1
```

程序清单 4.10　Chapter4/Blender/tankFence5.mtl

```
# Blender MTL File: 'tankFence5.blend'
# Material Count: 3
newmtl Enemy
Ns 96.078431
Ka 0.000000 0.000000 0.000000
Kd 1.000000 0.000000 0.000000
Ks 0.500000 0.500000 0.500000
Ni 1.000000
d 1.000000
illum 2

newmtl Plane
Ns 96.078431
Ka 0.000000 0.000000 0.000000
Kd 1.000000 1.000000 1.000000
Ks 0.500000 0.500000 0.500000
Ni 1.000000
d 1.000000
illum 2
```

❑　回忆一下，前述内容曾讨论了建模对象的名称，例如 Plane、Enemy 和 Player。程序清单 4.9 包含了 Plane 对象的数据块，Perl 解释器存储对象名称（如 Plane 和 Enemy），并以此读取材质文件，进而获得材质颜色值数据。因此，对应于 Plane 对象，此处存储了白色值，即程序清单 4.10 中的 Kd 1.000000 1.000000 1.000000（RGB 格式）。

- ❑ 除此之外，解释器还可收集三角形网格数据，并用于基于 GL_TRIANGLES 模式的 glDrawElements 函数中。
- ❑ 基于 GL_TRIANGLES 模式的 glDrawElements 函数需要一个包含独立顶点的 float 数组（表示形状），以及对应于该 float 数组的数据元素索引（表示三角形网格）。
- ❑ Perl 解释器存储独立对象顶点，在程序清单 4.9 中，此类顶点位于对象名称下方（例如 o Plane），即 v vx vy vz。
- ❑ 数据元素索引同样被存储。针对当前解释器，Obj 格式可方便地获取数据元素索引，进而表达网格形状。
- ❑ 在程序清单 4.9 中，表面定义 f 3 4 2 已经包含了顶点索引，进而表达网格形状。此处，集合{3, 4, 2}表示包含顶点 v3、v4 和 v2 的一个三角形网格。其中，v1 表示.obj 文件中的第一个顶点，v2 表示第二个顶点，依此类推。
- ❑ 解释器搜索的此类表面定义还应包含法线索引。在表面定义中，法线索引位于双斜线之后。同时，法线则通过 vn 0.000000 0.000000 1.000000 加以定义。
- ❑ 针对高级 OpenGL ES 程序设计，例如着色值计算，该解释器还存储了与三角形网格对应的法线数据（即逐个表面的法线）。
- ❑ 对于对象的各个顶点，解释器还负责计算邻接法线的标准化均值结果，这将产生更为平滑的着色结果。
- ❑ 材质名称应与对应的对象名保持一致。
- ❑ 当满足上述各项条件时，解释器获取 Blender 文件名，并解释对应的.obj 和.mtl 文件。最后，还将生成一个文本文件作为输出结果。该文件包含了网格数据，并可方便地被 glDrawElements 函数读取（基于 GL_TRIANGLES 模式）。

【提示】本章源代码中提供了 tankFence5.obj 和 tankFence5.mtl 文件，读者可查看相应文件，以进一步理解 Obj 和 Mtl 网格数据，但禁止对其进行修改。

4.4.1　安装 Perl

在实际操作过程中，系统需要安装 Perl（版本号为 5）。若用户运行于*nix 系统上，则 Perl 通常预安装完毕。Windows 7 上安装 Perl 需要下列 8 个步骤：

【提示】大多数*nix 系统中均预安装了 Perl（版本号为 5），因而无须对其加以安装和配置。待 Perl 脚本创建完毕后（例如 program.pl），须添加执行权限方得以运行。在命令行解释程序中（shell），可运行 chmod + x program.pl。当前，为了运行该脚本，简单地输入 program.pl 即可。

若用户通过运行 perl program.pl 发布脚本,则该脚本无须使用到执行权限;然而,若采用 program.pl 或./program.pl 执行该脚本,则执行权限不可或缺。

(1)根据当前示例,可使用 ActivePerl,即源自 ActiveState 的一款不公开源代码的发行版(关于 ActiveState,读者可访问 http://en.wikipedia.org/wiki/ActiveState 获取更多内容)。同时,读者还可访问 www.activestate.com/activeperl,并下载与当前系统对应的 ActivePerl 安装软件。鉴于当前使用了 32 位版本的 Windows 7 操作系统,因而此处下载了图 4.38 中高亮显示的安装软件。

Download Perl: Other Platforms and Versions

Version	Windows (x86)	Windows (64-bit, x64)	Mac OS X (Universal)	Linux (x86)
5.16.2.1602	Windows Installer (MSI)	Windows Installer (MSI)	Mac Disk Image (DMG)	AS Packa
5.14.3.1404	Windows Installer (MSI)	Windows Installer (MSI)	Mac Disk Image (DMG)	AS Packa

图 4.38　ActivePerl 安装软件

(2)待安装软件下载完毕后,可在对应文件夹内双击该文件,如图 4.39 所示。随后可看到 User Account Control 对话框并单击 Yes 按钮。

图 4.39　从下载文件夹内选取安装文件

(3)单击 Security Warning 窗口中的 Run 按钮,如图 4.40 所示。

图 4.40　Security Warning 窗口

（4）单击 ActivePerl Setup Wizard 中的 Next 按钮，如图 4.41 所示。

图 4.41　ActivePerl Setup Wizard 操作

（5）接受许可协议并单击 Next 按钮。

（6）在 Custom Setup 窗口内，设置安装位置并单击 Next 按钮，如图 4.42 所示，此处在 D:\下安装 ActivePerl。

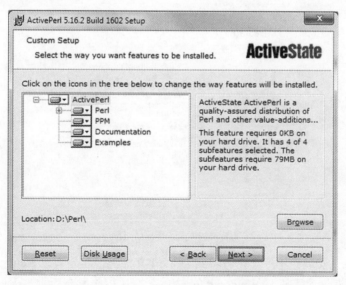

图 4.42　ActivePerl Setup Wizard: Custom Setup 操作

（7）在 Setup Options 窗口内，选择默认设置，并于随后单击 Next 按钮，如图 4.43 所示。

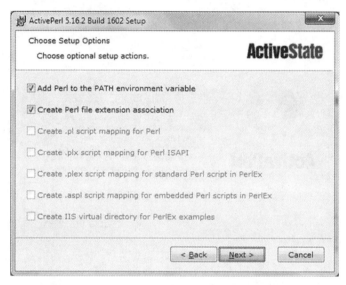

图 4.43　ActivePerl Setup Wizard: Setup Options 操作

（8）最后，单击 Finish 按钮完成构建操作，如图 4.44 所示。

图 4.44　完成构建操作

待 ActivePerl 安装完毕后，则可看到 D:\Perl 文件夹（此处假设 ActivePerl 安装于 D:\ 之下），该文件夹包含了基于 Windows 的本地二进制 Perl 发布版本，下面讨论如何获得解释器。

4.4.2　下载解释器

用户可从本人的 Bitbucket 账户中下载 Perl（网格）解释器，即 https://bitbucket.org/ prateekmehta。单击 blender_obj_perl_parser_bitbucket 存储库，并从 repo-stats 选项中单击下载超链接，如图 4.45 所示，将下载存档文件 prateekmehta-blender_obj_perl_parser_ bitbucket-2cb343b9e1a5.zip。随后，可将该文件移至所选文件夹中，并将其解压。此处，该文件解压至 D:\，这将生成 D:\prateekmehta-blender_obj_perl_parser_bitbucket- 2cb343b9e1a5 文件夹，相关内容如图 4.46 所示。

图 4.45　下载解释器

图 4.46　解压解释器

该文件夹包含了主解释器文件 parser.pl，且另一个 Perl 文件位于 Utility 文件夹下。parser.txt 文件包含了源自 Blender 文件的网格数据，即 Obj 和 Mtl 数据。通过该文本文件，用户可查看输入数据的结构（Obj 和 Mtl），这对于解释器而言不可或缺。

当前，可生成 Blender 文件夹，并将 4.3.3 节源代码中的 Obj 和 Mtl 文件复制至该文文件夹中，如图 4.47 所示。这里，此类文件复制于 D:\Blender 中。

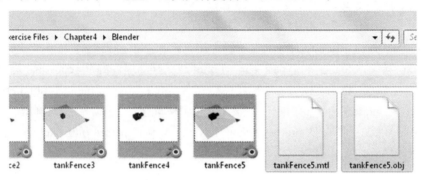

图 4.47　选择 Obj 和 Mtl 文件

4.4.3　使用解释器

当使用解释器时，须对相关文件提供正确的路径。对此，可在文本编辑器中打开 parser.pl 文件，并做如下调整：

（1）第 40 行代码通过文件夹全路径（该文件夹内复制了 Obj 和 Mtl 文件）替换了字符串值$obj_file_parent_path。在 Windows 操作系统上，如果不含此类文件的文件夹为 Blender 且位于 D:\下，则第 40 行代码可设置为$obj_file_parent_path ="D:/Blender/";。类似地，若采用*.nix 系统，在主目录下（/home/username/），且 Obj 和 Mtl 文件位于/home/username/Blender/内，则可将$obj_file_parent_path 设置为 home/username/Blender/。

（2）第 326 行代码使用 precision.pl 全路径替换反引号内的路径（仅为路径）。也就是说，如果移除位于 D:\下的包含 Perl 文件的文件夹，则第 326 行代码应设置为@output = `D:\\prateekmehta-blender_obj_perl_parser_bitbucket-2cb343b9e1a5\\Utility\\precision.pl $rx $ry $rz`;。类似地，若工作于*nix 系统上，也应采取适宜的方式进行处理。

【提示】如果在 Windows 操作系统上安装了 ActivePerl，则需要在 parser.pl 文件中移除首行代码#!C:/wamp/bin/perl/bin/perl.exe，且不会对输出结果产生任何影响。

　　　　如果工作于*nix 系统且需要使用到执行许可，则需要调整该代码行以使其指向本地 Perl 路径。

当上述编辑操作完成后，即可解析网格文件。在 Windows 操作系统上，须双击 parser.pl 进而执行该文件（前提是 ActivePerl 已安装完毕）。类似于图 4.46 所示的中间图标，ActivePerl 针对包含.pl 扩展的文件设置特定的图标。在*nix 系统上，则需要调用 Perl 解释器并将文件作为输入数据，进而运行 parser.pl 文件。如前所述，可双击 parser.pl 并运行该文件，这将打开命令行提示符。

这里需要输入 Obj 文件名 tankFence5（Obj 和 Mtl 文件应具有相同的名称）。回忆一下，Obj 和 Mtl 文件，即 tankFence5.obj 和 tankFence5.mtl 文件，分别复制至不同的文件夹，如图 4.47 所示。由于该文件夹定义了路径（当编辑文件 parser.pl 时），因而 Perl 可对其进行查找。

待 Obj 文件确定完毕后，按下 Enter 键，如图 4.48 所示，并于随后在 Security Warning 窗口内单击 Open 按钮（若运行于 Windows 7 上），如图 4.49 所示。当然，用户也可取消选中该窗口内的复选框，解释器无须等待确认即可执行。

图 4.48　命令行提示符：确定 Obj 文件

图 4.49　Security Warning 窗口：取消选中复选框中的内容

当解释器运行时，可返回至复制 Obj 和 Mtl 时的文件夹，通过观察可知，该文件夹内生成了一个新文件，如图 4.50 所示。该文件即为解释器的输出结果，即包含网格数据的一个文本文件，以供基于 GL_TRIANGLES 模式的函数使用。

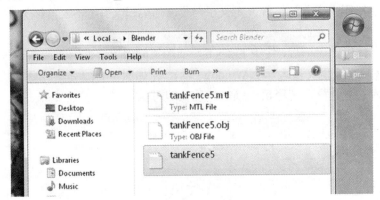

图 4.50　输出文本文件

4.5　使用网格数据

在讨论如何使用文本输出文件之前，首先分析一下该文件内的网格数据块。对此，可在编辑器中打开 tankFence5.txt 文件，并考察下列内容。

（1）首先定位至 color:处。回忆一下，Blender 中游戏对象使用的颜色值可描述为：Enemy 使用黑色，Player 使用蓝色，而 Plane 使用白色。此类颜色值作为逐顶点颜色值写入文本输出文件中。此处，color:数据块较为重要，并可用于确定该文件内不同数据块间对象的顺序。在 color:数据块内，首先出现的是针对 Plane 对象的逐顶点白色值。因此，其他数据块均以基于 Plane 对象的白色值开始，随后分别是 Player 网格数据和 Enemy 网格数据。

（2）"color:"数据块包含了多行 1.000000f,1.000000f,1.000000f,1,数据，即基于 Plane 对象的逐顶点白色值；随后是针对 Player 对象的逐顶点蓝色数据行，即 0.000000f,0.000000f,1.000000f,1,。类似地，相关数据还涉及基于 Enemy 对象的红色颜色值。

（3）定位至该文件的上方，normal:数据块包含了逐顶点法线数据，此类数据常用于 OpenGL ES 高级程序设计，例如着色值计算。虽然解释器内部存储了逐顶点和逐个表面（三角形网格面）的法线数据，但计算邻接顶点法线的均值结果时，还是会使用到逐面法线。该数据块的输出结果记为与逐顶点法线相邻的逐面法线的均值结果。再次强调，各数据块中的网格数据与 color:数据块保持相同的顺序。

（4）vertex:和 index:数据块同样较为重要，分别表示独立顶点和索引值。另外，该模块内的网格数据供 glDrawElements 函数使用（对应模式为 GL_TRIANGLES）。需要注意的是，在 index:数据块中的 size:<NUMBER>标签内，<NUMBER >用于确定索引数量，并作为参数传递至 glDrawElements 函数中。

在"绘制直线和三角形图元"一节中，曾讨论了基于 GL_TRIANGLES 模式的 glDrawElements 函数，以及 GL TRIANGLE ELEMENTS 应用程序（Chapter4/gltriangleelements.zip），进而渲染三角形图元。与该应用程序类似，TANK FENCE ELEMENTS 1、2 和 3 分析了针对文本输出文件的解释器应用。下面首先讨论 TANK FENCE ELEMENTS 1，如图 4.51 所示，其他程序则以此为基础添加逐顶点颜色（根据输出文本文件并使用 color:数据块），以及 Plane 对象和 Enemy 对象，图 4.52 和图 4.53 显示了对应的输出结果。

图 4.51　TANK FENCE ELEMENTS 1 示例程序：Player 对象

图 4.52　TANK FENCE ELEMENTS 2 示例程序：根据输出文本文件使用颜色值

TANK FENCE ELEMENTS 1 应用程序中的 Main 类等同于 TOUCH ROTATION 示例程序中的 Main 类（如图 2.16 所示），该类提供了旋转角，进而对渲染对象执行旋转操作。Renderer 类（GLES20Renderer）类似于本章开始处生成的类，唯一差别在于命名规则，例如_tankProgram，而非_triangleProgram。另外，_tankUMVPLocation._tankUMVPLocation
表示（mat4 类型）uniform 变量 uMVP 的地址。回忆一下，该矩阵用于转换渲染对象的
顶点，此处为坦克对象的顶点（即 Blender 中进行建模的 Player 对象）。

图 4.53　TANK FENCE ELEMENTS 3 示例程序：添加其他对象

下面讨论 Renderer 类中的 inittank 方法。在文本编辑器中打开 tankFence5.txt 文件（即
解释器的输出结果），并定位至 vertex:数据块处。如前所述，各数据块中的网格数据与 color:
数据块保持一致的顺序。因此，tankFence5.txt 文件中的后续顶点集对应于 Plane 对象的
浮点顶点数组，如下所示：

```
10.000000f,-10.000000f,0.000000f,
-10.000000f,-10.000000f,0.000000f,
10.000000f,10.000000f,0.000000f,
-10.000000f,10.000000f,0.000000f,
```

类似地，"-1.562685f,-2.427994f,0.000000f,"与"0.781342f,3.437026f,1.500000f,"之
间的顶点集合对应于 Player 对象的浮点顶点数组（即 inittank 方法中初始化后的坦克对
象）。浮点数组 tankVFA（位于 inittank 方法中）由此类顶点构成，并从输出文本文件的
vertex:数据块中被复制。

在该数据块下方，index:数据块包含了与三角形网格对应的索引。下列索引集合对应
于 Plane 对象的 short 型索引数组：

```
2,3,1,
0,2,1,
```

类似地，"4,5,1,"～"14,10,15,"之间的索引集合表示为 Player 对象的 short 型索引数
组。short 型数组 tankISA（位于 inittank 方法内）由此类索引构成，并从 index:数据块中
被复制。前述内容曾有所提及，该集合上的 size:<NUMBER>标签定义了索引数量，并作
为参数传递至 glDrawElements 函数中，如下所示：

```
size:84
4,5,1,
..
14,10,15,
```

具体而言，index:数据块中的 size:84 标签定义了 Player 对象的索引数量（需要说明的是，Player 对象表示为 inittank 方法中的坦克对象）。据此，onDrawFrame 方法中将调用 GLES20.glDrawElements(GLES20.GL_TRIANGLES, 84, GLES20.GL_UNSIGNED_SHORT, _tankISB);。

在图 4.51 中（源自 TANK FENCE ELEMENTS 1 应用程序的截图），通过写入至 gl_FragColor 着色器变量，坦克对象的颜色表示为黄色，即 gl_FragColor =vec4(1.0,1.0,0.0,1);。此处并未直接写入该变量，TANK FENCE ELEMENTS 2 应用程序涵盖了 tankFence5.txt 文件下方的复制于 color:数据块的逐顶点颜色值（回忆一下，当对坦克对象建模时，该对象定义为蓝色，如图 4.35 所示）。对此，相信读者已经理解了着色器变量的种类，即 attribute 变量 aColor 和 varying 变量 vColor，且均为 vec4 类型。TANK FENCE ELEMENTS 3 应用程序则加入了其他对象——Plane 和 Enemy，具体操作留与读者以作练习。

4.6　Blender 界面中的基本组件：截图效果

本节提供了 Blender 软件中 5 种基本组件的屏幕截图。图 4.54 显示了 Info 窗口，并位于 Blender 界面的上方。如前所述，该窗口由 File、Add 和 Help 等菜单构成。

图 4.54　Info 窗口

图 4.55 显示了 3D 窗口，即 3D View（窗口）。3D 窗口是 Blender 的主要工作区域，在该窗口内，可重新排列对象以及编辑各独立顶点。除此之外，3D View 还可用于定义动画行为。该窗口位于 Blender 界面的中心处。

图 4.56 显示了 Timeline 窗口，该窗口位于 Blender 界面下方。一如所料，Timeline 窗口为 Blender 动画处理的核心组件。

图 4.57 分别于上方和下方显示了 Outliner 窗口和 Properties 窗口。其中，Outliner 窗口用于选择、删除以及隐藏空间建模对象。如前所述，Properties 窗口用于显示功能面板。Outliner 窗口位于 Blender 界面的右上角，而 Properties 窗口则位于右下角。

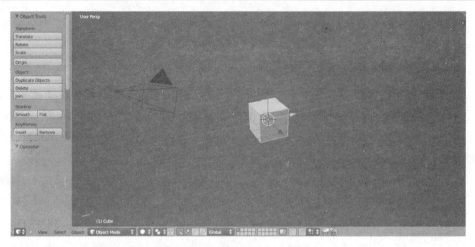

图 4.55　3D 窗口/3D View 窗口

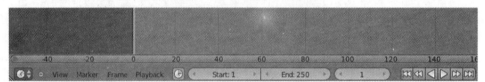

图 4.56　Timeline 窗口

图 4.57　Outerliner 窗口（上）和 Properties 窗口（下）

【提示】场景可视为有效的对象管理工具。当首次打开 Blender 软件时，默认场景为立方
体网格。关于场景的更多内容，读者可访问 http://wiki.blender.org/index.php/
Doc:2.6/Manual/Interface/Scenes。

4.7 本 章 小 结

本章引入了 ES 2.0 函数 glDrawElements，进而可避免冗余的网格数据。另外，本章
还介绍了开源 3D 内容创建工具 Blender 软件以及解释器的应用，进而可通过 Blender Obj
文件使用网格数据。

最后，本章还展示了 ES 2.0 应用程序中数据的应用方式。第 5 章将阐述增强 ES 2.0
应用程序外观的两种主要方法，即纹理和光照/着色效果。

第 5 章　纹理和着色

本章将讨论增强 ES 2.0 应用程序外观的两种方法，即纹理和着色。此处首先阐述独立纹理，并于随后探讨纹理和颜色间的整合方式。最后还将分析 ES 2.0 中的光照和着色效果，并采用自身逻辑实现表面和光源之间的交互行为。

5.1　顶点缓冲区对象

采用数组定义的逐顶点数据（用于渲染对象）存储于主存中。然而，当调用 glDraw* 函数时（即 glDrawArrays 或 glDrawElements 函数），此类数据须从主存复制至 GPU 内存中。

为了避免这一现象，可采用顶点缓冲区对象，这有助于缓存 GPU 内存中的顶点数据，进而显著地降低能量消耗以及主存和 GPU 内存间的数据传输。

5.2　对象缓冲区类型

相应地，存在两种顶点缓冲区对象，即数组缓冲区对象和数据元素数组缓冲区对象。其中，数组缓冲区对象用于缓存逐顶点数据，例如顶点 {x, y, z}，颜色 {r, g, b, a} 以及法线 {Nx, Ny, Nz} 等。数据元素数组缓冲区则用于缓存上述数组的对应索引。

5.3　使用缓冲区对象

当使用缓冲区对象时，须对其予以创建。对此，可调用 GLES20.glGenBuffers 方法。该方法包含两个重载版本，此处使用的版本接收 3 个参数，如下所示：

- ❏　第一个参数定义了所生成的缓冲区对象的数量。
- ❏　第二个参数定义了数组，用于存储代表对象的所返回的整型 id。需要注意的是，0 值 id 被 OpenGL ES 占用。
- ❏　第三个参数定义了 int 偏移量。在本书示例中，该参数设置为 0，表示"不存在任何偏移量"。

待生成了缓冲区对象后，可调用 GLES20.glBindBuffer 方法。该方法将某一缓冲区对象设置为当前数组缓冲区对象或数据元素缓冲区对象。

因此，取决于缓冲区对象的具体应用，传递至上述方法的第一个参数可为 GLES20.GL_ARRAY_BUFFER 或 GLES20.GL_ELEMENT_ARRAY_BUFFER。传递至该方法的第二个参数表示为缓冲区对象 id，如程序清单 5.1 所示。此处，_tankBuffers 表示为尺寸为 2 的 int 数组，即两个缓冲区对象。

【提示】读者不应将 OpenGL ES 缓冲区对象与 java.nio.*Buffer 对象混淆，例如 java.nio.ShortBuffer，ava.nio.FloatBuffer 等。

程序清单 5.1　　TANK FENCE 1/src/com/apress/android/tankfence1/GLES20Renderer.java

```
GLES20.glGenBuffers(2, _tankBuffers, 0);
GLES20.glBindBuffer(GLES20.GL_ARRAY_BUFFER, _tankBuffers[0]);
GLES20.glBufferData(GLES20.GL_ARRAY_BUFFER, tankVFA.length * 4, _tankVFB,
GLES20.GL_STATIC_DRAW);
GLES20.glBindBuffer(GLES20.GL_ELEMENT_ARRAY_BUFFER, _tankBuffers[1]);
GLES20.glBufferData(GLES20.GL_ELEMENT_ARRAY_BUFFER, tankISA.length * 2,
_tankISB, GLES20.GL_STATIC_ DRAW);
```

最后，待将某一缓冲区对象设置为当前缓冲区对象后，需要通过 ES 2.0 函数 glBufferData 向其传递对应的顶点或索引数据。如程序清单 5.1 所示，待 glBindBuffer (GLES20.GL_ARRAY_BUFFER, _tankBuffers[0])调用完毕后，须调用 glBufferData，对应参数为 GLES20.GL_ARRAY_BUFFER，tankVFA.length * 4，_tankVFB 以及 GLES20.GL_STATIC_DRAW。

类似于 glBindBuffer 函数，传递至 glBufferData 函数的第一参数为 GL_ARRAY_BUFFER 或 GL_ELEMENT_ARRAY_BUFFER，进而表明当前缓冲区对象的目标/类型。第二个参数表示以字节计算的数组尺寸（用于存储逐顶点或索引数据）。第三个参数表示对应顶点或索引数据的 java.nio.Buffer。最后一个参数可定义为下列值之一：

❑　GL_STATIC_DRAW。

❑　GL_DYNAMIC_DRAW。

❑　GL_STREAM_DRAW。

在 android.opengl.GLES20 类中，上述值定义为静态常量。关于应用程序如何使用存储于缓冲区对象中的数据，此类值向 OpenGL ES 提供了相应的提示信息。其中，GL_STATIC_DRAW 和 GL_DYNAMIC_DRAW 较为常用。

顾名思义，当应用程序不改变存储于缓冲区对象中的数据时，使用 GL_STATIC_

DRAW；相应地，若缓冲区对象数据重复地被应用程序修改（并多次使用以绘制图元），则可使用 GL_DYNAMIC_DRAW。在 TankFence 游戏中，仅导弹对象使用 GL_DYNAMIC_DRAW 缓冲区。对应于导弹对象的缓冲区对象以重复方式执行重写操作，进而更新表示导弹中心位置的顶点数据（以及对应的索引）。游戏中的其他对象（即 Plane 对象、Enemy 对象和 Player 对象）则使用 GL_STATIC_DRAW 缓冲区。

【提示】第 6 章将与导弹对象协同工作，此处介绍该对象旨在理解 GL_DYNAMIC_DRAW 缓冲区应用。

截止到目前为止，前述内容仅考察了缓冲区对象的生成方式，并于随后通过相应的数据予以填充，且尚未讨论缓冲区对象数据于着色器间的传递方式（特指顶点着色器）。程序清单 5.2 展示了这一简单过程，并与未使用缓冲区对象的数据（即逐顶点和索引数据）传递方式十分类似。

在缓冲区对象数据（与着色器之间）的传递过程中，通过调用 glBindBuffer 函数，可将某一缓冲区对象设置为当前缓冲区对象，如程序清单 5.2 所示。随后，通过调用 glVertexAttribPointer 可告知 OpenGL 与格式和顶点数组数据源相关的信息（第 3 章曾对此有所讨论）。最后，通过调用 glEnableVertexAttribArray 函数可激活既定的 attribute 地址。通过观察可知，调用 glVertexAttribPointer 函数时（如程序清单 5.2 所示），不再需要显式确定 FloatBuffer（java.nio.FloatBuffer）。其原因在于，调用 glBindBuffer 函数使得定义完毕的缓冲区对象（此处为数组缓冲区对象）为当前缓冲区对象。类似地，若将 ShortBuffer 定义为当前缓冲区对象（对应于元素数组缓冲区对象），则 glDrawElements 函数无须显式对其加以确定，如程序清单 5.2 所示。因此，此处未使用 FloatBuffer 或 ShortBuffer，取而代之的是，当调用 glVertexAttribPointer 或 glDrawElements 函数时，将传递参数 0。

程序清单 5.2　TANK FENCE 1/src/com/apress/android/tankfence1/GLES20Renderer.java

```
GLES20.glUseProgram(_tankProgram);
GLES20.glUniformMatrix4fv(_tankUMVPLocation, 1, false, _MVPMatrix,0);
GLES20.glBindBuffer(GLES20.GL_ARRAY_BUFFER, _tankBuffers[0]);
GLES20.glVertexAttribPointer(_tankAPositionLocation, 3, GLES20.GL_FLOAT,
false, 12, 0);
GLES20.glEnableVertexAttribArray(_tankAPositionLocation);
GLES20.glBindBuffer(GLES20.GL_ELEMENT_ARRAY_BUFFER, _tankBuffers[1]);
GLES20.glDrawElements(GLES20.GL_TRIANGLES, 84,GLES20.GL_UNSIGNED_SHORT,
0);
```

为了更好地理解上述内容，可导入存档文件 Chapter5/tankfence1.zip，这将把 TANK FENCE 1 应用程序载入至当前 Eclipse 工作区内。除此之外，源代码内还包含了类似的其他应用程序,即 TANK FENCE 2 和 TANK FENCE 3。针对 Plane 对象、Enemy 对象和 Player 对象,上述 3 个应用程序以循序渐进方式帮助读者理解缓冲区对象(即 Tank Fence 中的游戏对象)的应用方式,对应输出结果类似于 TANK FENCE ELEMENTS*系列应用程序,此类应用程序之间的唯一差别在于缓冲区对象的应用方式。

5.4　使用颜色蒙版

本节讨论 ES 2.0 中颜色蒙版的使用。颜色蒙版可开启/禁用颜色缓冲区中特定分量(即红、绿、蓝和 Alpha 值)的写入操作,如图 5.1 所示。

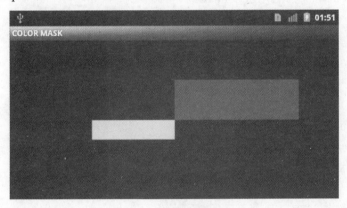

图 5.1　使用颜色蒙板

对此,用户可通过 ES 2.0 函数 glColorMask 设置颜色蒙版。该函数接收 4 个 Boolean 参数,各参数分别对应于颜色缓冲区中某一分量的写入状态。为了正确地使用该函数,颜色蒙版应在 glDraw*函数调用之前予以设置。

为了进一步理解该函数,此处假设存在两个矩形,即蓝绿色矩形 rectangleOne 和白色矩形 rectangleTwo,且仅渲染 rectangleOne 的绿色分量,以及 rectangleTwo 的红色分量。

在执行矩形渲染操作之前(调用 glDraw*ES 2.0 函数),需要按照下列方式设置颜色蒙版:

❑ 对于 rectangleOne,通过调用 GLES20.glColorMask(false,true, false, true)可设置颜色蒙版。由于开启了绿色和 Alpha 分量,因而仅绿色可见。

❑ 对于 rectangleTwo,通过调用 GLES20.glColorMask(true,false, false, true)可视为颜色蒙版。由于开启了红色和 Alpha 分量,因而仅红色可见。

【提示】回忆一下,通过直接写入着色器变量 gl_FragColor,可设置写入对象的某一单一颜色值。例如，当针对渲染对象设置白色时，可向 gl_FragColor 变量写入 vec4(1.0, 1.0, 1.0, 1)。类似地，若设置蓝绿色，则可写入 vec4(0.0, 1.0, 1.0, 1)。

对此，可将 GL MASK 应用程序（Chapter5/glmask.zip）导入至当前 Eclipse 工作区内。除了 Renderer 类之外，该应用程序基本等同于第 3 章中的 GL RECTANGLE 示例程序。此处，Renderer 类渲染两个三角形而非一个，如图 5.1 所示。

程序清单 5.3 显示了源自 GL MASK 应用程序的相应代码。需要注意的是，基于全部分量的颜色蒙版通过 glColorMask(true, true, true, true)调用进行预设。

程序清单 5.3　GL MASK/src/com/apress/android/glmask/GLES20Renderer.java

```
GLES20.glUseProgram(_rectangleTwoProgram);
GLES20.glVertexAttribPointer(_rectangleTwoAVertexLocation, 3,
GLES20.GL_FLOAT, false,0, _rectangleTwoVFB);
GLES20.glEnableVertexAttribArray(_rectangleTwoAVertexLocation);
GLES20.glColorMask(false, true, false, true);
GLES20.glDrawArrays(GLES20.GL_TRIANGLES, 0, 6);
GLES20.glColorMask(true, true, true, true);

GLES20.glUseProgram(_rectangleOneProgram);
GLES20.glVertexAttribPointer(_rectangleOneAVertexLocation, 3,
GLES20.GL_FLOAT, false,0, _rectangleOneVFB);
GLES20.glEnableVertexAttribArray(_rectangleOneAVertexLocation);
GLES20.glColorMask(true, false, false, true);
GLES20.glDrawArrays(GLES20.GL_TRIANGLES, 0, 6);
GLES20.glColorMask(true, true, true, true); // reset color masks for
//glDraw* calls ahead
```

5.5　纹　　理

纹理包含两种类型，即过程式纹理和图像纹理。其中，过程纹理根据某一算法实时生成；而图像纹理则源自图形文件，例如.jpg 或.png 文件等。本节讨论 ES 2.0 中图像纹理的应用方式。

【提示】过程纹理和图像纹理可视为通用的纹理分类。在 ES 2.0 中，纹理则包含 2D 纹理和立方体贴图纹理两种类型。

OpenGL ES 中的纹理表示为纹理单位（即纹素）的 2D 阵列。类似于图元结合形状的定义方式（采用笛卡儿坐标 x、y、z），当在某一表面上使用纹理时，可通过与纹理数组数据对应的索引确定纹理坐标。与几何形状坐标不同，纹理坐标使用图 5.2 中的 s 和 t（或 u 和 v）。鉴于标准化的纹理坐标空间，s 和 t 的范围均位于 0~1 之间。需要注意的是，纹理坐标不包含单位，因而与源图像或（纹理构成的）最终渲染表面的尺寸无关。

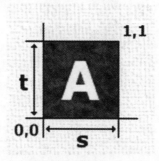

图 5.2　纹理坐标空间：64×64 纹理

【提示】纹理与几何对象间的应用过程称作 UV 映射。

若将 2D 纹理绑定至某一表面，须根据该纹理提供(s, t)坐标，以使其覆盖当前表面。若源自纹理的特定坐标未与表面完全匹配，则可通过环绕模式（由 OpenGL ES 提供）使纹理环绕当前表面，例如重复模式、镜像模式以及截取模式。作为初学者，全部理解上述模式较为困难，因而当前仅讨论重复环绕模式，该模式在类中定义为静态常量 GL_REPEAT。下面讨论基于 ES 2.0 的常见纹理应用。

【提示】在 OpenGL ES 2.0 中，纹理尺寸可不遵循 2^n 这一规则，但这可能受到某些设备的限制。因此，本书纹理示例应用仅采用这一 2^n 尺寸。

5.5.1　2D 纹理

本节首先考察纹理坐标的定义方式，对应示例可描述为：围绕正方形环绕某一纹理。在图 5.2 中，纹理左下方和右上方的纹理（图像）角点分别定义为(0,0)和(1,1)。若坐标(s,t)位于[0,1]之外，用户可定义相应的环绕模式，且与 s 坐标和 t 坐标无关。当采用 GL_REPEAT 环绕模式时，范围之外的纹理简单地重复执行。

该正方形可通过三角形图元进行渲染，如图 5.3 所示。此处，假设采用 glDrawElements 函数对其渲染，程序清单 5.4 中的 planeISA short 型数组定义了索引，并访问源自 planeVFA 顶点数组的顶点数据（进而渲染当前正方形）。当围绕该正方形环绕纹理，且通过索引数组 planeISA 获取顶点时，同时还需获得纹理坐标。为了确保额外能力坐标顺序与顶点坐标顺序相同，读者需要理解如表 5.1 所示的序列。

图 5.3　围绕正方形环绕纹理

表 5.1　正方形纹理环绕方式：定义纹理坐标

位　　置	索　　引	顶　点　坐　标	纹　理　坐　标
右上	2	(10, 10, 0)	(1, 1)
左上	3	(-10, 10, 0)	(0, 1)
左下	1	(-10, -10, 0)	(0, 0)
右下	0	(10, -10, 0)	(1, 0)
右上	2	(10, 10, 0)	(1, 1)
左下	1	(-10, -10, 0)	(0, 0)

针对正方形（或矩形）对象，表 5.1 显示了纹理坐标与顶点坐标之间的映射方式，其中需要注意以下两点内容：

❑　当向顶点着色器传递纹理坐标时，无须针对各图元分别传递。相反，可随同顶点一同传递。在当前示例中，即围绕正方形对象（或任意矩形对象）环绕纹理时，可利用 4 个纹理坐标定义纹理坐标数组（如程序清单 5.4 所示），而非 6 个（如表 5.1 所示），这类似于通过 4 个顶点定义顶点坐标数组，如程序清单 5.4 所示。

程序清单 5.4　GL TEXTURE/src/com/apress/android/gltexture/GLES20Renderer.java

```
float[] planeVFA = {
 10.000000f,-10.000000f,0.000000f, // bottom-right
 -10.000000f,-10.000000f,0.000000f, // bottom-left
 10.000000f,10.000000f,0.000000f, // top-right
 -10.000000f,10.000000f,0.000000f, // top-left
};

float[] planeTFA = { // texture coordinate array
 // 1,0, 0,0, 1,1, 0,1
```

```
 1,1, 0,1, 1,0, 0,0
};

short[] planeISA = {
 2,3,1, // top-right, top-left, bottom-left
 0,2,1, // bottom-right, top-right, bottom-left
};
```

❑ Android 使用左上角点作为纹理空间的(0, 0)点,而 OpenGL 则使用左下角作为(0, 0)点,因而需要翻转定义于纹理坐标数组中的纹理坐标。据此,(1, 0)变为(1, 1),(1, 1) 变为(1, 0),如此等等。

1. 加载图像数据

在 ES 2.0 中使用纹理时,首先需要创建纹理对象,并通过无符号整型数组(即纹理 id)予以表示。在 ES 2.0 函数中,可采用 glGenTextures 函数生成纹理对象。Android(SDK)中则使用 GLES20.glGenTextures 方法。该方法包含两个重载版本,此处所用方法接收 3 个函数。其中,第一个参数用于确定生成的纹理对象的数量,这里,围绕正方形环绕某一纹理仅需要使用到一个纹理对象。第二个参数表示存储返回的纹理 id 的数组,并引用纹理对象。当生成单一纹理对象时,该数组的尺寸至少为 1,如程序清单 5.5 所示(int 型数组纹理)。最后一个参数则表示为偏移量,此处将其设置为 0。

程序清单 5.5　GL TEXTURE/src/com/apress/android/gltexture/GLES20Renderer.java

```
int[] textures = new int[1];
GLES20.glGenTextures(1, textures, 0);
_textureId = textures[0];

GLES20.glBindTexture(GLES20.GL_TEXTURE_2D, _textureId);
InputStream is1 = _context.getResources().openRawResource (R.drawable.
brick);
Bitmap img1;
try {
 img1 = BitmapFactory.decodeStream(is1);
} finally {
 try {
  is1.close();
 } catch(IOException e) {
  // e.printStackTrace();
 }
}
GLES20.glPixelStorei(GLES20.GL_UNPACK_ALIGNMENT, 1);
```

```
GLES20.glTexParameterf(GLES20.GL_TEXTURE_2D, GLES20.GL_TEXTURE_MIN_FILTER,
GLES20.GL_NEAREST);
// or GL_LINEAR
GLES20.glTexParameterf(GLES20.GL_TEXTURE_2D, GLES20.GL_TEXTURE_MAG_FILTER,
GLES20.GL_NEAREST);
// or GL_LINEAR

GLES20.glTexParameteri(GLES20.GL_TEXTURE_2D, GLES20.GL_TEXTURE_WRAP_S,
GLES20. GL_REPEAT);
GLES20.glTexParameteri(GLES20.GL_TEXTURE_2D, GLES20.GL_TEXTURE_WRAP_T,
GLES20. GL_REPEAT);
GLUtils.texImage2D(GLES20.GL_TEXTURE_2D, 0, img1, 0);
```

由于 ES 2.0 支持两种类型的纹理（即 2D 纹理和立方体贴图纹理），因而当生成纹理对象时，需要将 id 和类型进行绑定（即 2D 纹理或立方体贴图纹理）。

上述操作可通过 GLES20.glBindTexture 方法实现，该方法接收两个参数。其中，第一个参数表示为纹理类型，并采用常量 GLES20.GL_TEXTURE_2D 和 GLES20.GL_TEXTURE_CUBE_MAP 定义。第二个参数则表示与纹理对象对应的纹理 id。

最后，待纹理对象生成和绑定操作执行完毕后，即可加载图像数据。对此，可调用 GLUtils.texImage2D 方法。该方法包含 3 个重载版本，此处使用的方法接收 4 个参数，即 int type、int level、Bitmap bitmap 以及 int border。此处，type 参数定义了纹理类型，level 参数用于确定加载的纹理链级别，此处将其设置为 0，也就是说，纹理链级别为 0。

【提示】纹理包含缩小和放大过滤模式（如果屏幕投影图元的尺寸小于纹理尺寸，则采用缩小操作，否则采用放大操作）。当缩小和放大过滤器设置为 GL_NEAREST 时，纹理坐标用于从当前纹理中获取单一纹素（即与该纹理坐标最近的纹素），该过程称作最近采样。当缩小和放大过滤器设置为 GL_LINEAR 时，纹理坐标用于从纹理中获取双线性采样（即 4 个纹素的均值结果）。

当根据顶点在纹理坐标间执行插值计算，进而实现纹理环绕（围绕某一表面）时，最近采样往往会产生视觉问题。相应地，纹理链可消除这一缺陷。

纹理链背后的理念是构建图像链，且始于原图像（纹理链级别为 0）。后续图像则在各维度上尺寸减半，这一过程持续进行，直至在纹理链末端到达 1×1 纹理。读者可阅读由 Aaftab Munshi、Dan Ginsburg 和 Dave Shreiner 编写的《*OpenGL® ES 2.0 Programming Guide*》一书，以获取与 OpenGL ES 2.0 相关的高级概念。

第三个参数表示为 Bitmap 资源，经解码后方可使用（如程序清单 5.5 所示）。最后一个参数则定义了边界，多数时候，该参数设置为 0，即不存在边界。

在程序清单 5.5 中，位于 GLES20.glBindTexture 和 GLUtils.texImage2D 之间的代码片段用于获取图像资源（用作纹理），并设置相应的纹理参数。读者需要理解 glTexParameteri (GLES20.GL_TEXTURE_2D,GLES20.GL_TEXTURE_WRAP_S,GLES20.GL_REPEAT) 调用的含义，该方法针对 s 坐标设置了重复模式。同时，glTexParameterf (GLES20.GL_ TEXTURE_2D,GLES20.GL_TEXTURE_MIN_FILTER, GLES20.GL_NEAREST)调用将缩小过滤器设置为 GL_NEAREST。在实际操作过程中，可调整 GL TEXTURE 应用程序中的 Renderer 类以反映这一变化。另外，通过导入存档文件 Chapter5/gltexture.zip 可将该应用程序载入至当前 Eclipse 工作区内。

在应用程序的 Renderer 类中，可设置 GL_TEXTURE_MIN_FILTER 和 GL_TEXTURE_ MAG_FILTER 模式，并使用 GL_LINEAR 过滤器。经过适当调整后，输出结果如图 5.4 所示。鉴于 GL_LINEAR 过滤器的双线性采样，该纹理的最终结果稍显模糊。在程序清单 5.5 中，代码行 GLES20.glPixelStorei(GLES20.GL_UNPACK_ALIGNMENT, 1)针对像素（图像）数据行定义了字节边界。

图 5.4 基于某一对象的纹理应用

2. sampler2D uniform 变量

在程序清单 5.6 中，顶点-片元着色器展示了 2D 纹理的应用方式。

程序清单 5.6 GL TEXTURE/src/com/apress/android/gltexture/GLES20Renderer.java

```
private final String _planeVertexShaderCode =
  "attribute vec4 aPosition; \n"
+ "attribute vec2 aCoord; \n"
+ "varying vec2 vCoord; \n"
+ "uniform mat4 uMVP; \n"
+ "void main() { \n"
+ " gl_Position = uMVP * aPosition; \n"
+ " vCoord = aCoord; \n"
```

```
+ "} \n";

private final String _planeFragmentShaderCode =
  "#ifdef GL_FRAGMENT_PRECISION_HIGH \n"
+ "precision highp float; \n"
+ "#else \n"
+ "precision mediump float; \n"
+ "#endif \n"
+ "varying vec2 vCoord; \n"
+ "uniform sampler2D uSampler; \n"
+ "void main() { \n"
+ " gl_FragColor = texture2D(uSampler,vCoord); \n"
+ "} \n";
```

在顶点着色器中，attribute 变量 aCoord（vec2 类型）接收纹理坐标值（如程序清单 5.4 所示），并将其作为 varying 变量 vCoord（vec2 类型）传递至片元着色器中。当从载入后的纹理获取纹理单位（纹素）时，片元着色器使用该 varying 变量获得插值后的纹理坐标。

片元着色器中的 uniform 变量 uSampler 定义为 sampler2D。sampler*（sampler2D 和 samplerCube）类型变量表示为 uniform 变量的特殊类型，并用于从纹理贴图中获取数据。sampler*类型的 uniform 变量须通过定义当前纹理号（以 0 开始）的某一数值被加载。

【提示】uniform 变量 sampler2D 用于 2D 纹理；而 uniform 变量 samplerCube 则用于立方体贴图纹理。

该值通过 glActiveTexture 函数被加载。如果仅使用单一纹理，该函数使用 GL_TEXTURE0 常量作为参数，如程序清单 5.7 所示。针对各个后续纹理，则依次使用较大的常量值。

程序清单 5.7　GL TEXTURE/src/com/apress/android/gltexture/GLES20Renderer.java

```
GLES20.glUseProgram(_planeProgram);

GLES20.glActiveTexture(GLES20.GL_TEXTURE0);
GLES20.glBindTexture(GLES20.GL_TEXTURE_2D, _textureId);
GLES20.glUniform1i(_planeUSamplerLocation, 0);

GLES20.glUniformMatrix4fv(_planeUMVPLocation, 1, false, _MVPMatrix, 0);
GLES20.glVertexAttribPointer(_planeAPositionLocation, 3,GLES20.GL_FLOAT,
false, 12, _planeVFB);
GLES20.glEnableVertexAttribArray(_planeAPositionLocation);
```

```
GLES20.glVertexAttribPointer(_planeACoordinateLocation, 2,GLES20.GL_FLOAT,
false, 8, _planeTFB);
GLES20.glEnableVertexAttribArray(_planeACoordinateLocation);
GLES20.glDrawElements(GLES20.GL_TRIANGLES,6,GLES20.GL_UNSIGNED_SHORT,
_planeISB);
```

　　glBindTexture 函数的后续调用将处于活动状态下的纹理绑定至其纹理类型上，最后，当着色器使用该纹理时，可调用 glUniform1i 函数，并将其作为参数传递至采样器地址。除此之外，额外的参数值用于确定当前纹理号（以 0 开始）。因此，针对第一个纹理，该值为 0。

　　片元着色器中的内建函数 texture2D 用于从纹理贴图中获取数据，如程序清单 5.6 所示。该函数将 uniform 变量 sampler2D 和 vec2 纹理坐标作为参数，并返回一个 vec4 数据，表示源自纹理贴图的颜色值。如果纹理为 RGB 格式，则 vec4 返回(R, G, B, 1.0)；若对应格式为 RGBA，则返回的 vec4 为(R, G, B, A)。

5.5.2　使用纹理和颜色

　　除了取自纹理贴图的颜色值（vec4）之外，还可通过渲染对象使用附加颜色，如图 5.5 所示。在片元着色器中，可定义基于 vec4 类型变量的颜色。随后，可将该颜色值添加于纹理颜色上。

图 5.5　使用纹理和颜色

　　截止到目前为止，用户可直接在片元着色器中定义某一颜色值，也可在顶点着色器中使用某一 attribute 变量，并针对各顶点接收颜色值，进而将该逐顶点颜色数据（作为 varying 变量）传递至片元着色器中。程序清单 5.8 包含了所需的顶点和片元着色器代码，并将片元颜色设置为纹理颜色和 varying 颜色的混合结果。

程序清单 5.8　GL TEXTURE COLOR/src/com/apress/android/gltexturecolor/

GLES20Renderer.java

```
private final String _planeVertexShaderCode =
   "attribute vec4 aPosition; \n"
 + "attribute vec2 aCoord; \n"
 + "attribute vec4 aColor; \n"
 + "varying vec2 vCoord; \n"
 + "varying vec4 vColor; \n"
 + "uniform mat4 uMVP; \n"
 + "void main() { \n"
 + " gl_Position = uMVP * aPosition; \n"
 + " vCoord = aCoord; \n"
 + " vColor = aColor; \n"
 + "} \n";

private final String _planeFragmentShaderCode =
   "#ifdef GL_FRAGMENT_PRECISION_HIGH \n"
 + "precision highp float; \n"
 + "#else \n"
 + "precision mediump float; \n"
 + "#endif \n"
 + "varying vec2 vCoord; \n"
 + "varying vec4 vColor; \n"
 + "uniform sampler2D uSampler; \n"
 + "void main() { \n"
 + " vec4 textureColor; \n"
 + " textureColor = texture2D(uSampler,vCoord); \n"
 + " gl_FragColor = vColor + textureColor; \n"
 + "} \n";
```

5.5.3　立方体贴图

在 ES 2.0 中，立方体贴图可视为另一种类型的纹理。立方体贴图由 6 个 2D 纹理构成，各纹理代表立方体 6 个面中的一个表面。

与 2D 纹理相比，立方体贴图纹素的获取方式相对复杂。然而，立方体贴图纹理坐标数组的定义方式则较为简单。

程序清单 5.9 包含了源自 GL CUBEMAP TEXTURE 应用程序（Chapter5/glcubemaptexture. zip）的数组定义，输出结果如图 3.5 所示。该程序描述了立方体贴图纹理的应用方式。

如程序清单 5.9 所示，cubeVFA 表示为顶点坐标数组，cubeISA 表示为索引数组，cubeTFA 则定义为纹理坐标数组。除了 cubeTFA 被 1 填充之外，数组 cubeVFA 和 cubeTFA 基本类似。与 2D 纹理中的(s,t)坐标相比，立方体贴图使用了额外的坐标，皆因立方体贴图纹素的获取需要使用到 3D 向量。读者不必对此过于担心，ES 2.0 内建函数 textureCube 自动处理纹素的读取操作，并在片元着色器中被调用。

程序清单 5.9　GL CUBEMAP TEXTURE/src/com/apress/android/glcubemaptexture/

GLES20Renderer.java

```
float[] cubeVFA = { // vertex (float) coordinate array
 -0.5f,-0.5f,0.5f, 0.5f,-0.5f,0.5f, 0.5f,0.5f,0.5f, -0.5f,0.5f,0.5f,
 -0.5f,-0.5f,-0.5f, 0.5f,-0.5f,-0.5f, 0.5f,0.5f,-0.5f, -0.5f,0.5f,-0.5f
};

short[] cubeISA = { // index (short) array
 0,4,5, 0,1,5, 5,6,2, 5,1,2,
 5,6,7, 5,4,7, 7,6,2, 7,3,2,
 7,3,0, 7,4,0, 0,3,2, 0,1,2
};

float[] cubeTFA = { // texture (float) coordinate array
 -1,-1,1, 1,-1,1, 1,1,1, -1,1,1,
 -1,-1,-1, 1,-1,-1, 1,1,-1, -1,1,-1
};
```

1. 从立方体贴图纹理中加载图像

与 2D 纹理类似（参见程序清单 5.5），当生成立方体贴图纹理时，需要将对应 id 绑定至纹理。对于立方体贴图而言，该过程可通过 "GLES20.glBindTexture(GLES20.GL_TEXTURE_CUBE_MAP, _textureId)" 实现。

类似地，当设置纹理参数时，传递至 GLES20.glTexParameteri 方法的第一个参数应为 GLES20.GL_TEXTURE_CUBE_MAP。

由于立方体贴图纹理包含 6 个表面，因而须针对每个表面调用 GLUtils.texImage2D 方法 6 次，而非一次。对此，可作为常量传递第一个参数，进而确定对应表面，如下所示：

❑　GLES20.GL_TEXTURE_CUBE_MAP_POSITIVE_X。

❑　GLES20.GL_TEXTURE_CUBE_MAP_NEGATIVE_X。

❑　GLES20.GL_TEXTURE_CUBE_MAP_POSITIVE_Y。

❑　GLES20.GL_TEXTURE_CUBE_MAP_NEGATIVE_Y。

- ❏　GLES20.GL_TEXTURE_CUBE_MAP_POSITIVE_Z。
- ❏　GLES20.GL_TEXTURE_CUBE_MAP_NEGATIVE_Z。

GL CUBEMAP TEXTURE 应用程序采用了 6 个不同的纹理，即 6 个不同的 Bitmap 资源，程序清单 5.10 显示了其中的两个位图。

程序清单 5.10　GL CUBEMAP TEXTURE/src/com/apress/android/glcubemaptexture/
GLES20Renderer.java

```
InputStream is1 =
_context.getResources().openRawResource(R.drawable.brick1);
Bitmap img1;
try {
  img1 = BitmapFactory.decodeStream(is1);
} finally {
  try {
  is1.close();
  } catch(IOException e) {
  // e.printStackTrace();
  }
}
GLUtils.texImage2D(GLES20.GL_TEXTURE_CUBE_MAP_POSITIVE_X, 0, img1, 0);
InputStream is2 = _context.getResources().openRawResource(R.drawable.
brick2);
Bitmap img2;
try {
  img2 = BitmapFactory.decodeStream(is2);
} finally {
  try {
    is2.close();
  } catch(IOException e) {
    // e.printStackTrace();
  }
}
GLUtils.texImage2D(GLES20.GL_TEXTURE_CUBE_MAP_NEGATIVE_X, 0, img2, 0);
```

2. uniform 变量 samplerCube

立方体贴图纹理的片元着色器代码使用了 uniform 变量 samplerCube，而非程序清单 5.6 中所示的 sampler2D。程序清单 5.11 显示了源自 GL CUBEMAP 应用程序的片元着色器代码，并通过内建函数 textureCube 获取立方体贴图纹理数据。该函数基本等同于 texture2D 函数，唯一区别在于坐标表示为 vec3 而非 vec2，且 sampler*类型须为 samplerCube。

程序清单 5.11　　GL CUBEMAP TEXTURE/src/com/apress/android/glcubemaptexture/

GLES20Renderer.java

```
private final String _cubeFragmentShaderCode =
    "#ifdef GL_FRAGMENT_PRECISION_HIGH \n"
+ "precision highp float; \n"
+ "#else \n"
+ "precision mediump float; \n"
+ "#endif \n"
+ "varying vec3 vCoord; \n"
+ "uniform samplerCube uSampler; \n"
+ "void main() { \n"
+ " gl_FragColor = textureCube(uSampler,vCoord); \n"
+ "} \n";
```

5.5.4　多重纹理

除此之外，用户还可扩展 GL TEXTURE 应用程序，并针对渲染对象使用多个纹理。在 GL MULTITEXTURE 应用程序（Chapter5/glmultitexture.zip）中，渲染对象使用了两个纹理，如图 5.6 所示，最终输出结果如图 5.7 所示。

图 5.6　源自 GIMP 的纹理

图 5.7　GL MULTITEXTURE 应用程序

在该程序中，两个纹理具有相同的尺寸。因此，同一纹理坐标数组可从两个纹理中获取纹素。一如所料，若渲染对象使用两个 2D 纹理时需要使用到两个独立的 uniform 型 sampler2D 变量。程序清单 5.12 显示了该程序的顶点-片元着色器对。

程序清单 5.12   GL MULTI TEXTURE/src/com/apress/android/glmultitexture/

GLES20Renderer.java

```
private final String _planeVertexShaderCode =
  "attribute vec4 aPosition; \n"
+ "attribute vec2 aCoord; \n"
+ "varying vec2 vCoord; \n"
+ "uniform mat4 uMVP; \n"
+ "void main() { \n"
+ " gl_Position = uMVP * aPosition; \n"
+ " vCoord = aCoord; \n"
+ "} \n";

private final String _planeFragmentShaderCode =
  "#ifdef GL_FRAGMENT_PRECISION_HIGH \n"
+ "precision highp float; \n"
+ "#else \n"
+ "precision mediump float; \n"
+ "#endif \n"
+ "varying vec2 vCoord; \n"
+ "uniform sampler2D uSampler1; \n"
+ "uniform sampler2D uSampler2; \n"
+ "void main() { \n"
+ " vec4 textureColor1,textureColor2; \n"
+ " textureColor1 = texture2D(uSampler1,vCoord); \n"
+ " textureColor2 = texture2D(uSampler2,vCoord); \n"
+ " gl_FragColor = textureColor1 * textureColor2; \n"
+ "} \n";
```

由于 texture2D 函数返回 vec4 纹理颜色数据，因而纹理颜色的合成方式并无明显限制。用户可在两个纹理颜色之间执行任意操作，并将最终结果颜色值设置为片元颜色。在程序清单 5.12 中，纹理颜色 textureColor1 和 textureColor2 彼此相乘，对应结果设置为片元颜色，如下所示：

```
gl_FragColor = textureColor1 * textureColor2;
```

当使用多个 2D 纹理时，须针对各纹理创建纹理对象。需要注意的是，虽然立方体纹理贴图使用 5 个 2D 纹理，但该纹理在 ES 2.0 中表示为单一的纹理类型，因而须对其生成独立的纹理对象。

　　因此，当使用两个 2D 纹理时，需要定义两个纹理对象，如程序清单 5.13 所示。其中，各纹理 id 须绑定至当前纹理类型上，此处为 GL_TEXTURE_2D。类似地，无论 Bitmap 资源数量如何，负责加载图像数据的其他 ES 2.0 函数（例如 glPixelStorei、glTexParameter* 以及 texImage2D）须针对各纹理对象分别加以调用，如程序清单 5.13 所示。

程序清单 5.13　GL MULTI TEXTURE/src/com/apress/android/glmultitexture/

GLES20Renderer.java

```
int[] textures = new int[2];
GLES20.glGenTextures(2, textures, 0);
_textureId1 = textures[0];
_textureId2 = textures[1];

// load the 1st texture

GLES20.glBindTexture(GLES20.GL_TEXTURE_2D, _textureId1);
InputStream is1 = _context.getResources().openRawResource (R.drawable.
brick1);
Bitmap img1;
try {
  img1 = BitmapFactory.decodeStream(is1);
} finally {
  try {
    is1.close();
  } catch(IOException e) {
    // e.printStackTrace();
  }
}
GLES20.glPixelStorei(GLES20.GL_UNPACK_ALIGNMENT, 1);
GLES20.glTexParameterf(GLES20.GL_TEXTURE_2D, GLES20.GL_TEXTURE_MIN_FILTER,
GLES20.GL_NEAREST);
// GL_LINEAR
GLES20.glTexParameterf(GLES20.GL_TEXTURE_2D, GLES20.GL_TEXTURE_MAG_FILTER,
GLES20.GL_NEAREST);
GLES20.glTexParameteri(GLES20.GL_TEXTURE_2D, GLES20.GL_TEXTURE_WRAP_S,
GLES20.GL_REPEAT);
GLES20.glTexParameteri(GLES20.GL_TEXTURE_2D, GLES20.GL_TEXTURE_WRAP_T,
GLES20.GL_REPEAT);
GLUtils.texImage2D(GLES20.GL_TEXTURE_2D, 0, img1, 0);

// load the 2nd texture
```

```
GLES20.glBindTexture(GLES20.GL_TEXTURE_2D, _textureId2);
InputStream is2 = _context.getResources().openRawResource(R.drawable.
brick2);
Bitmap img2;

try {
  img2 = BitmapFactory.decodeStream(is2);
} finally {
  try {
    is2.close();
  } catch(IOException e) {
  // e.printStackTrace();
  }
}
GLES20.glPixelStorei(GLES20.GL_UNPACK_ALIGNMENT, 1);
GLES20.glTexParameterf(GLES20.GL_TEXTURE_2D, GLES20.GL_TEXTURE_MIN_FILTER,
GLES20.GL_NEAREST);
// GL_LINEAR
GLES20.glTexParameterf(GLES20.GL_TEXTURE_2D, GLES20.GL_TEXTURE_MAG_FILTER,
GLES20.GL_NEAREST);
GLES20.glTexParameteri(GLES20.GL_TEXTURE_2D, GLES20.GL_TEXTURE_WRAP_S,
GLES20.GL_REPEAT);
GLES20.glTexParameteri(GLES20.GL_TEXTURE_2D, GLES20.GL_TEXTURE_WRAP_T,
GLES20.GL_REPEAT);
GLUtils.texImage2D(GLES20.GL_TEXTURE_2D, 0, img2, 0);
```

5.6 基于着色器程序的光照效果

OpenGL ES 1.1 提供了内建光照模型，并针对各种光源类型（例如点光源和聚光灯等）计算光照方程。然而，在 ES 2.0 中，用户需要完成全部所需的数学计算，进而实现光照效果。对此，读者有必要了解各种光照和着色方面的内容。物理术语光照表示为某一表面（由特定材质构成）和光源间的交互行为。着色则是一类计算机图形学技术，并采用光照确定最终的片元颜色值。

5.6.1 光照模型

光照与表面的交互模型称作光照模型，在计算机图形学中，Lambert 和 Phong 可视为较为常见的。在 Lamert 模型中，源自对象表面的光线与视见方向（即观察者和对象表面间的向量）无关。相比较而言，在 Phong 模型中，光线反射则与视见方向关系紧密。本节主要讨论 Lambert 光照模型。

【提示】在 Lambert 模型中，反射类型表示为漫反射。源自对象表面的漫反射在各个方向上等强度散射，且与视见方向无关。具有此类特征的表面称作 Lambertian 反射体。

为了实现上述模型，读者需要理解 Lambert 余弦定理，该定理表明，源自 Lambertian 反射体的光线反射随表面法线和反射光线间的夹角变化。

因此，垂直于入射光线方向的表面通常显得更加明亮（相比于倾斜表面）。下面将讨论与该模型相关的光照方程。

5.6.2 光照模型

漫反射涉及两个向量，即表面与光源之间的向量 **S**，以及该表面法线 **N**，如图 5.8 所示。不难发现，当光线接近 **N** 时，表面光照达到最强。相应地，若光线垂直于 **N**，则光照为 0。

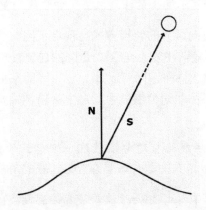

图 5.8 漫反射，图中圆圈代表点光源

【提示】关于对象表面，在 ES 2.0 应用程序中，通常表示为一组顶点构成的三角形图元。其中，表面并未显式地与入射光线进行交互，而顶点却可完成这一任务。

若 θ 表示为 **N** 和 **S** 之间的夹角，除了前面提到的两种情形之外，光照均正比于 cos(θ)。因此，表面辐射量可表示为 lin(**N.S**)。其中，lin 表示光照强度，(**N.S**)表示向量 **N** 和 **S** 之间的点积。由于仅部分入射光线散射，因而需要向方程中引入系数，最终出射光线的强度如下所示：

$$lout = K(lin(\mathbf{N}.\mathbf{S}))$$

此处，K 表示反射系数，进而表示入射光线中的部分散射光线；lout 则表示出射光线的强度。通过着色方案和该光照方程，可在对象各顶点处计算 lout（尤其是构成该对象的图元处）。

5.6.3　顶点着色器中的光照方程

当采用着色器程序实现光照方程时，须执行下列各项步骤：

❑　在顶点着色器内，存储当前顶点（类型为 vec4 的变量顶点）。回忆一下，可通过 ES 2.0 函数 glVertexAttribPointer 调用将数据（顶点 FloatBuffer）传递至变量中。

❑　随后，可存储与当前顶点对应的法线，并通过对象的 MV 矩阵转换该法线（特别地，须使用 MV 矩阵中左上角的 3×3 部分）。该矩阵称作法线矩阵，并用于对象法线执行转换操作。

【提示】在第 4 章曾讨论到，针对各顶点，Perl（网格）解释器计算邻接网格法线的标准化均值结果，进而获取其上的法线数据（即法线向量）。

➢　法线（即法线向量）的转换方式与顶点不同。法线向量定义为与当前对象对应的、MV 矩阵中左上角 3×3 矩阵的逆转置矩阵。若 MV 矩阵中未涉及任何非均匀缩放操作，则可通过 MV 矩阵的左上角 3×3 矩阵转换法线。需要注意的是，在非均匀缩放中，对象可沿各轴实现不同程度的放大和缩小计算。

【提示】为了进一步理解法线的非均匀缩放这一概念，读者可访问 URL:http://www.lighthouse3d.com/ tutorials/glsl-tutorial/the-normal-matrix/获取更多信息。

➢　在顶点着色器中，可在 vec3 类型变量中存储当前（转换后的）法线，该法线对应于图 5.8 中的向量 **N**。对应实现过程如下所示：

```
vec3 normal = normalize(vec3(uNormal * aNormal));
```

➢　这里，uNormal 定义为 uniform 变量（mat3 类型）并存储法线矩阵；aNormal 为 attribute 变量且接收顶点法线数据。类似于基于 glVertexAttribPointer 函数的顶点传递方式，也可对顶点法线予以传递。回忆一下，在第 4 章中，可根据解释器文本输出文件中的 normal:数据块访问顶点法线。

➤ 顾名思义，normalize 函数表示为 ES 2.0 中的内建函数，并可对既定向量执行标准化操作。对于避免向量的任意缩放行为，标准化操作不可或缺。

➤ 当向顶点着色器传递 3×3 矩阵时，可采用 ES 2.0 函数 glUniformMatrix3fv，具体调用方式为：GLES20.glUniformMatrix3fv(_tankUNormalLocation, 1, false, _tankNormalMatrix, 0)。

➤ 此处，_tankNormalMatrix (float[9])表示法线矩阵，并可通过复制与当前对象对应的 MV 矩阵中左上角的 3×3 矩阵获得，如程序清单 5.14 所示。这里无须创建独立的 MV 矩阵以复制所需值；相反，可在与投影转换结合之前从 MVP 矩阵中复制对应值，如下列代码所示。

程序清单 5.14　VERTEX POINT LIGHTING/src/com/apress/android/vertexpointlighting/

GLES20Renderer.java

```
_tankNormalMatrix[0] = _tankMVPMatrix[0];
_tankNormalMatrix[1] = _tankMVPMatrix[1];
_tankNormalMatrix[2] = _tankMVPMatrix[2]; // from 1st column, ending at [3]

_tankNormalMatrix[3] = _tankMVPMatrix[4];
_tankNormalMatrix[4] = _tankMVPMatrix[5];
_tankNormalMatrix[5] = _tankMVPMatrix[6]; // from 2nd column, ending at [7]

_tankNormalMatrix[6] = _tankMVPMatrix[8];
_tankNormalMatrix[7] = _tankMVPMatrix[9];
_tankNormalMatrix[8] = _tankMVPMatrix[10]; // from 3rd column, ending at [11]

System.arraycopy(_tankMVPMatrix, 0, _tankMVMatrix, 0, 16);
Matrix.multiplyMM(_tankMVPMatrix,0,_ProjectionMatrix,0,_tankMVPMatrix,0);
```

❑ 当针对当前顶点计算 S 向量时，可计算该点与光源位置之差。

➤ 对此，可在顶点着色器中将光源位置存储为全局变量（如程序清单 5.16 所示）。该变量通常借助 const 关键字声明为常量，如下所示：

```
const vec4 lightPositionWorld = vec4(10.0, 10.0, 0.0, 1.0);
```

➤ 当处理点光源时，可采用一点对其进行描述，且不考虑光源的具体形状。若已在 Blender 软件中对该光源进行建模，可从 properties shelf 中读取全局中间值，进而获取其中心位置，如图 5.9 所示。

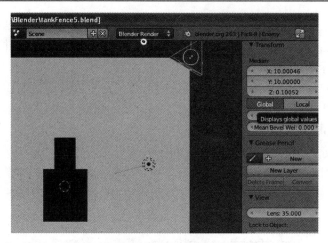

图 5.9　Blender：获取对象的中心位置

【提示】在本章源代码的 Blender 文件夹内，读者可看到名为 pointLight* 的 Blender 文件，打开文件并查看点光源的添加方式。此处并未使用球体作为点光源，而是使用了正二十面体网格，并可通过 Add 菜单（在 Info 窗口内）方便地予以添加。VERTEX POINT LIGHTING 和 FRAGMENT POINT LIGHTING 应用程序中均使用了该对象，其中，点光源用于描述光照/着色效果。相关示例程序包含了 Tank 和 Light 对象，且 Light 对象通过正二十面体表示，并通过 Blender 予以添加。

> 由于法线向量（N）位于眼睛空间（获取眼睛空间内的点和向量时，须通过各自的 MV 矩阵进行转换），因而需要将 S 向量转换至眼睛空间内，并使用点积计算。对此，应确保当前顶点位置和光源位置通过各自 MV 矩阵进行转换。在多数图形应用程序中，光源通常固定不变。然而，在本章的光照/着色示例代码中，可令光源处于旋转状态，如程序清单 5.15 所示。在程序清单 5.16 中，顶点着色器代码包含了 uniform 变量 uMVLight，以存储光源的 MV 矩阵 _pointMVMatrix。

程序清单 5.15　VERTEX POINT LIGHTING/src/com/apress/android/vertexpointlighting/
GLES20Renderer.java

```
if(!_rotatePointOnly) {
  Matrix.setIdentityM(_tankRMatrix, 0);
  Matrix.rotateM(_tankRMatrix, 0, _zAngle, 0, 0, 1);
}
Matrix.multiplyMM(_tankMVPMatrix, 0, _ViewMatrix, 0, _tankRMatrix, 0);
if(_rotatePointOnly) {
```

```
Matrix.rotateM(_pointRMatrix, 0, _zAngle * 0.5f, 0, 0, 1);
 Matrix.multiplyMM(_pointMVMatrix, 0, _ViewMatrix, 0, _pointRMatrix, 0);
 Matrix.multiplyMM(_pointMVPMatrix, 0, _ProjectionMatrix, 0, _pointMVMatrix,
0);
}
```

程序清单 5.16　VERTEX POINT LIGHTING/src/com/apress/android/vertexpointlighting/

GLES20Renderer.java

```
private final String _tankVertexShaderCode =
   "attribute vec3 aPosition; \n"
 + "attribute vec3 aNormal; \n"
 + "varying float diffuseIntensity; \n"
 + "uniform mat3 uNormal; \n"
 + "uniform mat4 uMV; \n"
 + "uniform mat4 uMVP; \n"
 + "uniform mat4 uMVLight; \n"
 + "const vec4 lightPositionWorld = vec4(10.0, 10.0, 0.0, 1.0); \n"
 + "void main() { \n"
 + " vec4 vertex = vec4(aPosition[0], aPosition[1], aPosition[2], 1.0); \n"
 + " \n"
 + " vec3 normal = normalize(vec3(uNormal * aNormal)); \n"
 + " // vec3 normal = vec3(uNormal * aNormal); \n"
 + " vec4 vertexEye = vec4(uMV * vertex); \n"
 + " vec4 lightPositionEye = vec4(uMVLight * lightPositionWorld); \n"
 + " vec3 ds = normalize(vec3(lightPositionEye - vertexEye)); \n"
 + " // vec3 ds = vec3(lightPositionEye - vertexEye); \n"
 + " \n"
 + " // diffuseIntensity = Ld * Kd * max(dot(ds, normal), ambientIntensity); \n"
 + " diffuseIntensity = max(dot(ds, normal), 0.210); \n"
 + " diffuseIntensity = 0.570 * 0.210 * diffuseIntensity; \n"
 + " \n"
 + " gl_Position = vec4(uMVP * vertex); // ensures that we provide a vec4 \n"
 + "} \n";
```

> 顶点着色器中的 uniform 变量 uMV 存储当前对象的 MV 矩阵，该矩阵在 MVP 矩阵与投影矩阵结合之间，可通过复制全部 MVP 矩阵得到。如程序清单 5.14 所示，System.arraycopy 方法用于将 MVP 矩阵复制至当前对象的 MV 矩阵中。通过该 MV 矩阵可将顶点位置转换至眼睛空间内。

> 最后，通过使其顶点与光源位置之差可得到 S 向量，变量 ds 对其进行存储，如程序清单 5.16 所示。

❑ 当在当前顶点处确定出射光线的强度时（lout），通过内建函数 dot(vec*, vec*) 可计算 ds 和法线向量间的点积。

> 程序清单 5.16 中的顶点着色器代码使用了内建函数 max(float,float)，进而计算环境光。

> 环境光针对当前对象设置了亮度的标准等级，作为背景光照，针对场景中的全部对象、表面以及各个方向，环境光均保持同等强度。

> 当采用 max 函数时，可选取较为明亮的漫反射光源作为 diffuseIntensity（环境光项设置为 0.210）。

> 如前所述，为了得到最终的出射光线强度，可将 diffuseIntensity 变量乘以反射系数（设置为 0.210），以及入射光线强度，如程序清单 5.16 所示。

最终，varying 变量 diffuseIntensity 传递至片元着色器中，进而设置为片元颜色，如程序清单 5.17 所示。需要注意的是，漫反射强度同样可与对象的材质颜色结合使用。

程序清单 5.17　VERTEX POINT LIGHTING/src/com/apress/android/vertexpointlighting/GLES20Renderer.java

```
private final String _tankFragmentShaderCode =
  "precision lowp float; // not to be done in a vertex shader \n"
+ "varying float diffuseIntensity; \n"
+ "void main() { \n"
+ " vec3 diffuse = vec3(diffuseIntensity); \n"
+ " // gl_FragColor = vec4(0.1, 0.1, 0.25, 1.0) + vec4(diffuse, 1.0); \n"
+ " gl_FragColor = vec4(diffuse, 1.0); \n"
+ "} \n";
```

由于最终光照强度将执行插值计算（如图 5.10 所示），因而着色效果将更为明显，如图 5.11 所示（该图所示的输出结果源自 VERTEX POINT LIGHTING 应用程序）。某些时候，该结果缺乏真实的视觉效果。

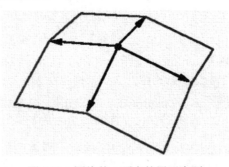

图 5.10　围绕某一顶点的展开表面

图 5.11　光照的插值计算

5.6.4　顶点法线的插值计算

为了使光照效果更具真实感，可在片元间对顶点法线进行插值计算，而非漫反射光照强度。为了进一步说明，此处创建了 FRAGMENT POINT LIGHTING 应用程序，并将 Chapter5/fragmentpointlighting.zip 存档文件导入至当前 Eclipse 工作区。

如程序清单 5.18 所示，片元着色器实现了光照方程，而非顶点着色器。在顶点着色器中，当前顶点的法线转换至眼睛空间内，并作为 varying 变量在片元间执行插值计算，这将生成更为真实的着色效果，如图 5.12 所示。

程序清单 5.18　FRAGMENT POINT LIGHTING/src/com/apress/android/fragmentpointlighting/
GLES20Renderer.java

```
private final String _tankVertexShaderCode =
   "attribute vec3 aPosition; \n"
 + "attribute vec3 aNormal; \n"
 + "varying vec4 vertex; \n"
 + "varying vec3 normal; \n"
 + "uniform mat3 uNormal; \n"
 + "uniform mat4 uMV; \n"
 + "uniform mat4 uMVP; \n"
 + "uniform mat4 uMVLight; \n"
 + "void main() { \n"
 + " vertex = vec4(aPosition[0], aPosition[1], aPosition[2], 1.0); \n"
 + " normal = normalize(vec3(uNormal * aNormal)); \n"
 + " \n"
 + " gl_Position = vec4(uMVP * vertex); // ensures that we provide a vec4 \n"
 + "} \n";
```

```
private final String _tankFragmentShaderCode =
   "#ifdef GL_FRAGMENT_PRECISION_HIGH \n"
 + "precision highp float; \n"
 + "#else \n"
 + "precision mediump float; \n"
 + "#endif \n"
 + "varying float diffuseIntensity; \n"
 + "varying vec4 vertex; \n"
 + "varying vec3 normal; \n"
 + "uniform mat3 uNormal; \n"
 + "uniform mat4 uMV; \n"
 + "uniform mat4 uMVP; \n"
 + "uniform mat4 uMVLight; \n"
 + "const vec4 lightPositionWorld = vec4(10.0, 10.0, 0.0, 1.0); \n"
 + "void main() { \n"
 + " float diffuseIntensity; \n"
 + " vec4 vertexEye = vec4(uMV * vertex); \n"
 + " vec4 lightPositionEye = vec4(uMVLight * lightPositionWorld); \n"
 + " vec3 ds = normalize(vec3(lightPositionEye - vertexEye)); \n"
 + " \n"
 + " diffuseIntensity = max(dot(ds, normal), 0.210); \n"
 + " diffuseIntensity = 0.570 * 0.210 * diffuseIntensity; \n"
 + " vec3 diffuse = vec3(diffuseIntensity); \n"
 + " // vec4 materialColor = vec4(0.1, 0.1, 0.25, 1.0); \n"
 + " // gl_FragColor = vec4(0.1, 0.1, 0.25, 1.0) + vec4(diffuse, 1.0); \n"
 + " gl_FragColor = vec4(diffuse, 1.0); \n"
 + "} \n";
```

图 5.12　法线插值后真实的光照效果

5.7 本章小结

本章开始处讨论了纹理与渲染对象间的多种应用方式，其中包括：

❑ 独立纹理。

❑ 纹理合成。

❑ 纹理和颜色的合成。

❑ 立方体贴图纹理。

随后介绍了 Lambert 光照模型，及其在着色器程序中的实现方式。

第 6 章将继续探讨 Tank Fence 游戏，并引入两个新类以处理 Missile 和 Enemy 游戏对象。

第6章 游戏扩展

本章继续讨论 Tank Fence 游戏，并使用之前的游戏 TANK FENCE 3。此处，首先对该应用程序的 UI 进行适当调整，并于随后引入两个新类以处理 Missile 和 Enemy 游戏对象。

6.1 确定渲染模式

在某些图形应用程序中，渲染操作无须以持久方式进行，例如围绕各轴进行简单的 3D 对象的旋转行为。对于此类应用程序，仅当特定事件出现时（例如触摸事件），渲染操作方得以执行。

若存在某种方式显式地请求渲染操作（当监听某一发送事件时），则可降低设备的功耗。这对于运行于手机和平板电脑上的 OpenGL ES 应用程序尤为重要。

在前述章节的实例中，Android SDK 负责消除了大多数工作载荷。通过少量代码，SDK 还可访问其他有效的功能项。

通过调用 GLSurfaceView 类中的 public 方法 requestRender，可根据具体要求渲染一帧，但仅当渲染模式设置为 RENDERMODE_WHEN_DIRTY 时，方可依据该方式请求渲染操作。在渲染器设置完毕后（如程序清单 6.1 所示），可通过调用 public 方法 setRenderMode 设置渲染器模式。通过传递 GLSurfaceView.RENDERMODE_WHEN_DIRTY 参数，仅当表面创建完毕或调用 requestRender 时，渲染器才执行渲染操作。

程序清单 6.1　GL RENDER MODE/src/com/apress/android/glrendermode/Main.java

```
public void onCreate(Bundle savedInstanceState) {
 super.onCreate(savedInstanceState);
 _surfaceView = new GLSurfaceView(this);
 _surfaceView.setEGLContextClientVersion(2);
 _surfaceView.setRenderer(new GLES20Renderer());
 _surfaceView.setRenderMode(GLSurfaceView.RENDERMODE_WHEN_DIRTY);
 setContentView(_surfaceView);
```

【提示】程序清单 6.1 并非是 GL RENDERMODE 应用程序中 onCreate 方法的全部实现内容。

本章源代码中的 GL RENDER MODE 应用程序（Chapter6/glrendermode.zip）描述了多帧渲染操作，该示例程序基本等同于 TOUCH ROTATION 应用程序（Chapter2/touchrotation.zip）。如程序清单 6.2 所示，在 3D 图形通过期望事件被更新时，可显式地请求渲染操作（_surfaceView.requestRender()）。

程序清单 6.2　GL RENDER MODE/src/com/apress/android/glrendermode/Main.java

```java
public boolean onTouch(View v, MotionEvent event) {
 if (event.getAction() == MotionEvent.ACTION_DOWN) {
  _touchedX = event.getX();
 } else if (event.getAction() == MotionEvent.ACTION_MOVE) {
  float touchedX = event.getX();
  float dx = Math.abs(_touchedX - touchedX);
  _dxFiltered = _dxFiltered * (1.0f - _filterSensitivity) + dx
  * _filterSensitivity;

  if (touchedX < _touchedX) {
   _zAngle = (2 * _dxFiltered / _width) * _TOUCH_SENSITIVITY
   * _ANGLE_SPAN;
   _zAngleFiltered = _zAngleFiltered * (1.0f - _filterSensitivity)
   + _zAngle * _filterSensitivity;
   GLES20Renderer.setZAngle(GLES20Renderer.getZAngle()
   + _zAngleFiltered);
   _surfaceView.requestRender();
  } else {
   _zAngle = (2 * _dxFiltered / _width) * _TOUCH_SENSITIVITY
    * _ANGLE_SPAN;
   _zAngleFiltered = _zAngleFiltered * (1.0f - _filterSensitivity)
    + _zAngle * _filterSensitivity;
   GLES20Renderer.setZAngle(GLES20Renderer.getZAngle()
   - _zAngleFiltered);
   _surfaceView.requestRender();
  }
 }
 return true;
}
```

6.2　添加 FIRE 按钮

通过调整前述章节的 TANK FENCE 3 应用程序，可对 Tank Fence 游戏进行适当扩展，对应输出结果如图 4.53 所示。第 2 章曾讨论了 UPDOWN COUNTER 应用程序，其中使用了 Up 和 Down 按钮。

对此，可简单地将 updown.xml 文件（UPDOWN COUNTER/res/layout/updown.xml）复制至 TANK FENCE 3 应用程序中的 res/layout 文件夹内。除此之外，还须创建与按钮对应的字符串和 id。

【提示】字符串资源不可或缺，例如<string name="up">UP</string>，并可在设置按钮标签时对其加以引用，例如- <Button android:id="@id/up"android:text="@string/up" ... />。

新 id 资源（针对诸如按钮这一类元素）可直接采用+号创建（@+id），或者作为 id 资源予以生成，例如- <item name="up" type="id"/>。与字符串的引用方式类似（@string/up），当针对某一元素设置 id 时（@id/up），同样可引用该 id 资源。虽然该技术并不常见，但却可有效地跟踪应用程序所使用的（视觉和非视觉）元素。

字符串和 id 资源须置于 resource 标签内。通常情况下，字符串资源添加至 res/values/string(s).xml 文件内，id 资源则加入至 res/values/id(s).xml 文件内。

随后可添加另一个按钮以发射导弹对象。对此，可在 res/layout 文件夹内生成一个新的布局文件 missile.xml，并向该文件添加程序清单 6.3 所示的代码行。

```
程序清单 6.3　TANK FENCE GAME 1/res/layout/missile.xml
<?xml version="1.0" encoding="utf-8"?>
<Button xmlns:android="http://schemas.android.com/apk/res/android"
 android:id="@id/up"
 android:layout_width="90dp"
 android:layout_height="wrap_content"
 android:layout_alignParentBottom="true"
 android:layout_alignParentRight="true"
 android:layout_marginBottom="10dp"
 android:layout_marginRight="10dp"
 android:contentDescription="@string/app_name"
 android:minHeight="60dp"
 android:text="@string/fire" />
```

如前所述，此处需要定义字符串和 id。在考察 Main 类中的代码之前，可将 UPDOWN COUNTER 应用程序中的另一个文件- Counter.java 复制到 TANK FENCE 3 应用程序中的 src 文件夹中。

在 Main 类中，可在定义变量 rllp 后清除 onCreate 方法内的全部代码行，随后可添加如程序清单 6.4 所示的代码行。

程序清单 6.4　TANK FENCE GAME 1/src/com/apress/android/tankfencegame1/Main.java

```
rl.setGravity(Gravity.BOTTOM);

LayoutInflater inflater = (LayoutInflater) getSystemService(Context. LAYOUT_
INFLATER_SERVICE);

View linearLayoutView = inflater
  .inflate(R.layout.updown, rl, false);
View buttonView = inflater
  .inflate(R.layout.missile, rl, false);

rl.addView(linearLayoutView);
rl.addView(buttonView);
addContentView(rl, rllp);

setUpDownClickListeners();
getDeviceWidth();
```

【提示】类似于本书中的其他代码，程序清单 6.4 为最终的完整复制版本。虽然与 TANK FENCE 3 应用程序协同工作，但程序清单 6.4 显示了源自 TANK FENCE GAME 1 示例程序中的代码，并包含了 Main.java 文件的最终复制版本（完整版本对变量名稍作调整）。

　　首先，可将重力设置为 Gravity.BOTTOM，以使内嵌元素与其底部对齐，并于随后待扩展视图后将其加入对齐布局中。最后，通过调用 addContentView 方法，整体布局作为辅助内容视图予以添加，如图 6.1 所示。

图 6.1　FIRE 按钮

　　由于屏幕触摸操作用于旋转坦克对象，因而需要使用当前设备的宽度值（相关逻辑可参考第 2 章中的 2.8 节）。该值可通过访问显示数据变量得到，并用于 getDeviceWidth

方法中，如程序清单 6.5 所示。

程序清单 6.5　TANK FENCE GAME 1/src/com/apress/android/tankfencegame1/Main.java

```
public void getDeviceWidth() {
 DisplayMetrics dm = new DisplayMetrics();
 getWindowManager().getDefaultDisplay().getMetrics(dm);
 int width = dm.widthPixels;
 int height = dm.heightPixels;
 if (width > height) {
  _width = width;
 } else {
  _width = height;
 }
}
```

　　一如所料，程序清单 6.6 中的 setUpDownClickListeners 方法针对 Up 和 Down 按钮设置了点击监听器，对应按钮用于坦克对象的前、后移动。另外，移动范围（或移动步数）存储于某一计数器内，该计数器类似于第 2 章介绍的 Count 类。

程序清单 6.6　TANK FENCE GAME 1/src/com/apress/android/tankfencegame1/Main.java

```
public void setUpDownClickListeners() {
 Button buttonUp, buttonDown;

 buttonUp = (Button) findViewById(R.id.up);
 buttonDown = (Button) findViewById(R.id.down);

 buttonUp.setOnClickListener(new OnClickListener() {
  public void onClick(View v) {
   synchronized (this) {
    Counter.getUpDownNextValue();
   }
  }
 });
 buttonDown.setOnClickListener(new OnClickListener() {
  public void onClick(View v) {
   synchronized (this) {
     Counter.getUpDownPreviousValue();
   }
  }
 });
}
```

6.3　平移和旋转的整合结果

当前任务可描述为，坦克对象在围绕全局 z 轴（即经过屏幕中心位置且与其垂直的轴向）旋转的同时，还可驶离屏幕中心位置。对此，可在 Renderer 类（TANK FENCE 3/src/com/apress/android/tankfence3/GLES20Renderer.java）中声明一个新字段即类型为 float[16]的_tankTMatrix。随后，可通过程序清单 6.17 中的内容替换 onDrawFrame 方法中的代码行。

```
Matrix.setIdentityM(_tankRMatrix, 0);
Matrix.rotateM(_tankRMatrix, 0, _zAngle, 0, 0, 1);
Matrix.multiplyMM(_tankMVPMatrix, 0, _ViewMatrix, 0, _tankRMatrix, 0);
Matrix.multiplyMM(_tankMVPMatrix, 0, _ProjectionMatrix, 0, _tankMVPMatrix, 0);
```

程序清单 6.7　TANK FENCE GAME 2/src/com/apress/android/tankfencegame2/ GLES20Renderer.java

```
Matrix.setIdentityM(_tankTMatrix, 0);
Matrix.setIdentityM(_tankRMatrix, 0);
Matrix.translateM(_tankTMatrix, 0, 0, Counter.getUpDownValue(), 0);
Matrix.rotateM(_tankRMatrix, 0, _zAngle, 0, 0, 1);
Matrix.multiplyMM(_tankMVPMatrix,0,_tankRMatrix,0,_tankTMatrix,0);
Matrix.multiplyMM(_tankMVPMatrix,0,_ViewMatrix,0,_tankMVPMatrix, 0);
Matrix.multiplyMM(_tankMVPMatrix,0,_ProjectionMatrix,0,_tankMVPMatrix, 0);
```

translateM 方法沿全局 y 轴平移_tankTMatrix 矩阵（通过 Counter.getUpDownValue 的返回值），当以特定方式整合旋转和平移操作时（如图 6.2 所示），可调用 Matrix.multiplyMM(_tankMVPMatrix, 0,_tankRMatrix, 0, _tankTMatrix, 0)方法，该方法将坦克对象沿全局 y 轴平移，并于随后将其围绕全局 z 轴旋转。需要注意的是，执行顺序十分重要。这里，平移操作位于旋转操作之前。

在实际操作过程中，可从本章源代码中导入 ankfencegame2.zip 存档文件，进而将 TANK FENCE GAME 2 应用程序载入当前 Eclipse 工作区中。除此之外，还需做进一步调整，如下所示：

❏ Renderer 类中的着色器代码并未通过 attribute 保留提供颜色数据，相反，颜色值直接写入至 gl_FragColor 变量中。

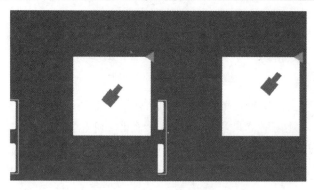

图 6.2　整合平移和旋转转换

❑ onDrawFrame 方法中的代码经过重构后分解为两个独立的方法，即 void updateModel
(int upDownValue, float zAngle)方法和 void renderModel(GL10 gl)方法。

❑ updateModel 方法中的代码源自程序清单 6.7，根据之前的观点，该方法用于更
新矩阵，进而更新对象的位置。

❑ 顾名思义，renderModel 方法用于渲染图形，并包含了 glUseProgram、glUniform*、
glVertexAttribPointer、glEnableVertexAttribArray、glDraw*等方法。

❑ 为了确保各帧渲染占用相同的时间量，须计算当前帧占用的时间，并于随后使
其处于睡眠状态。由于 Java 语言采取了垃圾回收机制，因而各帧的渲染时间难
以保持一致。对此，可在 Renderer 线程中调用 Thread.sleep()方法，进而对时间
值进行调整，如程序清单 6.8 所示。需要注意的是，在执行渲染操作之前，建议
显式地调用垃圾回收器，进而清除无效对象所占用的内存空间。

程序清单 6.8　　TANK FENCE GAME 2/src/com/apress/android/tankfencegame2/
GLES20Renderer.java

```java
public void onDrawFrame(GL10 gl) {
  System.gc();

  long deltaTime,startTime,endTime;
  startTime = SystemClock.uptimeMillis() % 1000;
  gl.glClear(GLES20.GL_COLOR_BUFFER_BIT | GLES20.GL_DEPTH_BUFFER_BIT);

  updateModel(Counter.getUpDownValue(), _zAngle);
  renderModel(gl);

  endTime = SystemClock.uptimeMillis() % 1000;
  deltaTime = Math.abs(endTime - startTime);
```

```
if (deltaTime < 20) {
  try {
    Thread.sleep(20 - deltaTime);
  } catch (InterruptedException e) {
    e.printStackTrace();
  }
}
}
```

【提示】虽然锁定 Renderer 线程不会产生问题，例如调用 Thread.sleep()，但 UI 线程不应
　　　被锁定。

在程序清单 6.8 中，局部变量 deltaTime 存储当前帧占用的时间，即 updateModel 和
renderModel 调用占用的时间。如果 deltaTime 小于 20 毫秒，则 Renderer 线程锁定（20 –
deltaTime）毫秒；否则，该线程将不被锁定。

6.4　向 Tank 对象中加入 Missile 对象

在 Tank Fence 游戏中，导弹对象作为点精灵对象加以使用。尽管可使用其他图元表
示导弹对象，但点精灵对象更易于实现。

在 TANK FENCE GAME 2 应用程序的 src 文件夹内，可定义新的 Java 类 Missile。考
虑到采用点精灵表示导弹对象，因而 Missile 对象（如程序清单 6.9 所示）须包含相关字
段，以当前资源的 x、y、z 坐标和存储精灵对象的位置。对此，可创建如程序清单 6.9 所
示的字段数据。

程序清单 6.9　TANK FENCE GAME 3/src/com/apress/android/tankfencegame3/Missile.java
```
public class Missile {
 private float _sourcePositionX;
 private float _sourcePositionY;
 private float _sourcePositionZ;
 private float _destinationPositionX;
 private float _destinationPositionY;
 private float _destinationPositionZ;
 private float _angleZ;
 private float _slopeZ;
 private float _interceptY;
```

```java
   public Missile(float positionX, float positionY, float positionZ, float
angleZ) {
     _sourcePositionX = positionX;
     _sourcePositionY = positionY;
     _sourcePositionZ = positionZ;
     _destinationPositionX = positionX;
     _destinationPositionY = positionY;
     _destinationPositionZ = positionZ;
     _angleZ = angleZ;
     _slopeZ = (float) Math.tan(Math.toRadians(_angleZ + 90));
     _slopeZ = filter(_slopeZ);
     _interceptY = positionY - (_slopeZ * positionX);
   }
   private float filter(float slope) {
     boolean sign;

     if(slope >= 0) {
       sign = true;
     } else {
       sign = false;
     }

     slope = Math.abs(slope);
     if(slope <= 0.25f) {
       slope = 0.25f;
     }
     if(slope >= 2.5f) {
       slope = 2.5f;
     }

     if(sign) {
       return slope;
     } else {
       return 0 - slope;
     }
   }
   public float getSourcePositionX() {
     return _sourcePositionX;
   }
   public float getSourcePositionY() {
     return _sourcePositionY;
   }
```

```
public float getSourcePositionZ() {
  return _sourcePositionZ;
}
public float getDestinationPositionX() {
  return _destinationPositionX;
}
public float getDestinationPositionY() {
  return _destinationPositionY;
}
public float getDestinationPositionZ() {
  return _destinationPositionZ;
}
public void interpolateXY() {            .
  if((_angleZ > 0 && _angleZ <= 180) || (_angleZ >= -360 && _angleZ <=
-180)) {
    _destinationPositionX = _destinationPositionX - 0.5f;
  }
  if((_angleZ > 180 && _angleZ <= 360) || (_angleZ > -180 && _angleZ <= 0))
{
    _destinationPositionX = _destinationPositionX + 0.5f;
  }
  _destinationPositionY = (_slopeZ * _destinationPositionX) + _interceptY;
  }
}
```

由于导弹对象限制在 x-y 平面内，采用斜截式方程可对源位置进行插值计算，进而在各帧结束处获得目标位置。

程序清单 6.9 中的 filter 方法用于调整斜率。针对 x 和 y 轴之间的夹角（如图 6.3 所示），斜率直接可用于对导弹对象的源位置执行插值计算。

图 6.3　使用斜率值对导弹对象的源位置执行插值计算

对于平行于 x 或 y 轴的角度，如图 6.4 和图 6.5 所示，斜率则无法直接用于导弹对象源位置的插值计算，这也是须对其进行调整的原因。

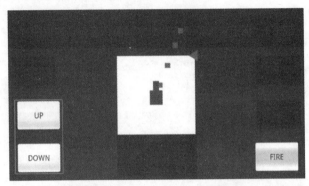

图 6.4　使用调整后的斜率。其中，坦克对象指向 y 轴方向

图 6.5　使用调整后的斜率。其中，坦克对象指向 x 轴方向

在 Main 类（TANK FENCE GAME 2/src/com/apress/android/tankfencegame2/Main.java）中的 setUpDownClickListeners 方法内，可引用 FIRE 按钮，并于随后按照下列代码设置点击监听器：

```
buttonMissile.setOnClickListener(new OnClickListener() {
  public void onClick(View v) {
    GLES20Renderer._buttonMissilePressed = true;
  }
});
```

在 Renderer 类（TANK FENCE GAME 2/src/com/apress/android/tankfencegame2/GLES20Renderer.java）中，可添加程序清单 6.10 所示的代码行。鉴于采用点精灵表示导弹对象，该对象的着色器代码采用了 attribute 和 uniform 变量。

程序清单 6.10　TANK FENCE GAME 3/src/com/apress/android/tankfencegame3/
GLES20Renderer.java

```
private final String _missilesVertexShaderCode =
  "attribute vec3 aPosition; \n"
+ "uniform mat4 uVP; \n"
+ "void main() { \n"
+ " gl_PointSize = 15.0; \n"
+ " vec4 vertex = vec4(aPosition[0],aPosition[1],aPosition[2],1.0); \n"
+ " gl_Position = uVP * vertex; \n"
+ "} \n";

private final String _missilesFragmentShaderCode =
  "#ifdef GL_FRAGMENT_PRECISION_HIGH \n"
+ "precision highp float; \n"
+ "#else \n"
+ "precision mediump float; \n"
+ "#endif \n"
+ "void main() { \n"
+ " gl_FragColor = vec4(1.0, 0.0, 0.0, 1.0); \n"
+ "} \n";
```

随后，可向该类中加入两个静态字段，并按下列代码对其进行初始化操作：

```
public static volatile boolean _buttonMissilePressed = false;
private static List<Missile> _missiles = new ArrayList<Missile>(100);
```

程序清单 6.10 针对导弹对象着色器代码创建并链接某一程序，并获取 attribute 和
uniform 变量的地址，如下所示：

```
_missilesAPositionLocation = GLES20.glGetAttribLocation (_missilesProgram,
"aPosition");
_missilesUVPLocation = GLES20.glGetUniformLocation (_missilesProgram, "uVP");
```

此处，可定义 float[16]类型字段_missilesVPMatrix。在 onSurfaceChanged 方法内，当
时间转换和投影转换整合完毕后，可调用 System.arraycopy 方法，进而将对应结果复制至
_missilesVPMatrix 中，如程序清单 6.11 所示（其中，由于平面和 Enemy 对象的 VP 转换，
字段_MVPMatrix 重命名为_planeVPMatrix）。

程序清单 6.11　TANK FENCE GAME 3/src/com/apress/android/tankfencegame3/
GLES20Renderer.java

```
public void onSurfaceChanged(GL10 gl, int width, int height) {
  System.gc();
```

```
GLES20.glViewport(0, 0, width, height);

float ratio = (float) width / height;
float zNear = 0.1f;
float zFar = 1000;
float fov = 0.95f; // 0.2 to 1.0
float size = (float) (zNear * Math.tan(fov / 2));
Matrix.setLookAtM(_ViewMatrix, 0, 0, 0, 75, 0, 0, 0, 0, 1, 0);
// Matrix.setLookAtM(_ViewMatrix, 0, 0, -20, 50, 0, 0, 0, 0, 1, 0);
Matrix.frustumM(_ProjectionMatrix, 0, -size, size, -size / ratio, size
/ ratio, zNear, zFar);
Matrix.multiplyMM(_planeVPMatrix, 0, _ProjectionMatrix, 0, _ViewMatrix, 0);
System.arraycopy(_planeVPMatrix, 0, _missilesVPMatrix, 0, 16);
// Matrix.multiplyMM(_missilesVPMatrix, 0, _ProjectionMatrix, 0, _ViewMatrix,
0);
Matrix.setIdentityM(_tankTMatrix, 0);
Matrix.setIdentityM(_tankRMatrix, 0);
}
```

程序清单 6.12 对 onDrawFrame 方法稍加调整，updateModel 方法调用之前的 if 代码块限制了_zAngle 字段的范围，下面开始定义 initMissiles 方法。

程序清单 6.12　TANK FENCE GAME 3/src/com/apress/android/tankfencegame3/
GLES20Renderer.java

```
public void onDrawFrame(GL10 gl) {
  System.gc();

  long deltaTime,startTime,endTime;
  startTime = SystemClock.uptimeMillis() % 1000;
  gl.glClear(GLES20.GL_COLOR_BUFFER_BIT | GLES20.GL_DEPTH_BUFFER_BIT);

  if(GLES20Renderer._zAngle >= 360) {
    GLES20Renderer._zAngle = GLES20Renderer._zAngle - 360;
  }
  if(GLES20Renderer._zAngle <= -360) {
    GLES20Renderer._zAngle = GLES20Renderer._zAngle + 360;
  }

  updateModel(Counter.getUpDownValue(), GLES20Renderer._zAngle);
  if(GLES20Renderer._missiles.size() > 0) {
    initMissiles();
```

```
  }
  renderModel(gl);

  endTime = SystemClock.uptimeMillis() % 1000;
  deltaTime = Math.abs(endTime - startTime);
  if (deltaTime < 20) {
    try {
      Thread.sleep(20 - deltaTime);
    } catch (InterruptedException e) {
      e.printStackTrace();
    }
  }
}
```

6.4.1　initMissiles 方法

　　initMissiles 方法针对当前导弹对象生成了所需的缓冲区，如程序清单 6.13 所示。当调用 glDrawElements 函数渲染导弹对象时，该缓冲区用于 renderModel 方法中，如程序清单 6.14 所示。

程序清单 6.13　TANK FENCE GAME 3/src/com/apress/android/tankfencegame3/

GLES20Renderer.java

```
private void initMissiles() {
  ListIterator<Missile> missileIterator = _missiles.listIterator();
  float[] missilesVFA = new float[GLES20Renderer._missiles.size() * 3];
  short[] missilesISA = new short[GLES20Renderer._missiles.size()];
  int vertexIterator = -1;
  short indexIterator = -1;
  while(missileIterator.hasNext()) {
    Missile missile = missileIterator.next();
    vertexIterator++;
    missilesVFA[vertexIterator] = missile.getDestinationPositionX();
    vertexIterator++;
    missilesVFA[vertexIterator] = missile.getDestinationPositionY();
    vertexIterator++;
    missilesVFA[vertexIterator] = missile.getDestinationPositionZ();
    indexIterator++;
    missilesISA[indexIterator] = indexIterator;
  }
```

```
ByteBuffer missilesVBB = ByteBuffer.allocateDirect(missilesVFA.length
* 4);
missilesVBB.order(ByteOrder.nativeOrder());
_missilesVFB = missilesVBB.asFloatBuffer();
_missilesVFB.put(missilesVFA);
_missilesVFB.position(0);

ByteBuffer missilesIBB = ByteBuffer.allocateDirect(missilesISA.length
* 2);
missilesIBB.order(ByteOrder.nativeOrder());
_missilesISB = missilesIBB.asShortBuffer();
_missilesISB.put(missilesISA);
_missilesISB.position(0);

GLES20.glGenBuffers(2, _missilesBuffers, 0);
GLES20.glBindBuffer(GLES20.GL_ARRAY_BUFFER, _missilesBuffers[0]);
GLES20.glBufferData(GLES20.GL_ARRAY_BUFFER, missilesVFA.length * 4,
_missilesVFB, GLES20.GL_DYNAMIC_DRAW);
GLES20.glBindBuffer(GLES20.GL_ELEMENT_ARRAY_BUFFER, _missilesBuffers [1]);
GLES20.glBufferData(GLES20.GL_ELEMENT_ARRAY_BUFFER, missilesISA.length *
2, _missilesISB,GLES20.GL_DYNAMIC_DRAW);
}
```

程序清单 6.14　TANK FENCE GAME 3/src/com/apress/android/tankfencegame3/GLES20Renderer.java

```
GLES20.glUseProgram(_missilesProgram);
GLES20.glBindBuffer(GLES20.GL_ARRAY_BUFFER, _missilesBuffers[0]);
GLES20.glVertexAttribPointer(_missilesAPositionLocation, 3, GLES20.GL_FLOAT,
false, 12, 0);
GLES20.glEnableVertexAttribArray(_missilesAPositionLocation);
GLES20.glUniformMatrix4fv(_missilesUVPLocation,1,false,_missilesVPMatrix,0);
GLES20.glBindBuffer(GLES20.GL_ELEMENT_ARRAY_BUFFER,_missilesBuffers[1]);
GLES20.glDrawElements(GLES20.GL_POINTS, GLES20Renderer._missiles.size(),
GLES20.GL_UNSIGNED_SHORT, 0);
```

在程序清单 6.13 中，如前所述，在被应用程序重复地设置缓冲区对象时，将使用到 GL_DYNAMIC_DRAW。因此，GLES20.GL_DYNAMIC_DRAW 作为参数传递至 GLES20. glBufferData 中。在 Tank Fence 游戏中，_missiles 数组列表（ArrayList）将重复更新，对应缓冲区（数组和数据元素缓冲区）将采用 GL_DYNAMIC_DRAW。

6.4.2　更新导弹对象的数组列表

在讨论 FIRE 按钮与_missiles ArrayList 的构成关系之前，首先调用 System.arraycopy 方法，如程序清单 6.15 所示。随后，可将_missilesMMatrix 乘以_tankCenter。其中，_tankCenter 安装下列方式进行初始化操作：

```
private final float[] _tankCenter = new float[]{0,0,0,1};
```

程序清单 6.15　TANK FENCE GAME 3/src/com/apress/android/tankfencegame3/

GLES20Renderer.java

```java
private void updateModel(int upDown, float zAngle) {
  Matrix.setIdentityM(_tankTMatrix, 0);
  Matrix.setIdentityM(_tankRMatrix, 0);
  Matrix.translateM(_tankTMatrix, 0, 0, upDown, 0);
  Matrix.rotateM(_tankRMatrix, 0, zAngle, 0, 0, 1);
  Matrix.multiplyMM(_tankMVPMatrix, 0, _tankRMatrix, 0, _tankTMatrix, 0);
  // Model matrix for missiles: _missilesMMatrix
  System.arraycopy(_tankMVPMatrix, 0, _missilesMMatrix, 0, 16);
  Matrix.multiplyMM(_tankMVPMatrix, 0, _ViewMatrix, 0, _tankMVPMatrix, 0);
  Matrix.multiplyMM(_tankMVPMatrix,0,_ProjectionMatrix,0,_tankMVPMatrix, 0);

  float[] missileCenter = new float[4];
  // Matrix.multiplyMM(_missilesMMatrix,0,_tankRMatrix,0,_tankTMatrix, 0);
  Matrix.multiplyMV(missileCenter, 0, _missilesMMatrix, 0,
  _tankCenter, 0);

  if(GLES20Renderer._buttonMissilePressed) {
    GLES20Renderer._buttonMissilePressed = false;
    Missile missile = new Missile(missileCenter[0], missileCenter[1],
missileCenter[2], zAngle);
    GLES20Renderer._missiles.add(missile);
  }

  ListIterator<Missile> missilesIterator = GLES20Renderer._missiles.
listIterator();
  while(missilesIterator.hasNext()) {
    Missile missile = missilesIterator.next();
    if(missile.getDestinationPositionX() < -30 || missile.getDestination
PositionX() > 30 ||
  missile.getDestinationPositionY() < -15 || missile.getDestination
```

```
PositionY() > 15) {
    missilesIterator.remove();
    } else {
    missile.interpolateXY();
    }
  }
}
```

这将得到导弹对象射击的中心位置，由于坦克自身的角度也可视为导弹对象射击的角度，因而通过角度（zAngle）和中心位置（missileCenter）可初始化 Missile 对象，并将其添加至_missiles ArrayList 中。

当点击发射按钮时，在对应的 onClick 内，静态字段 GLES20Renderer._buttonMissilePressed 设置为 true，进而执行 if(GLES20Renderer._buttonMissilePressed){...}内部代码，如程序清单 6.15 所示。此处，Missile 对象被实例化，并添加至_missiles ArrayList 中。最后，通过 ListIterator 可遍历_missiles ArrayList 中的导弹对象。随后，还需检测该导弹对象是否位于既定边界之外。若位于既定边界之内，则对应位置执行插值计算（如程序清单 6.15 和图 6.6 所示）；否则，该对象将从 ArrayList 中被移除。

图 6.6　导弹对象的边界

6.5　Enemy 类

当与 Enemy 类协同工作时，可导入 Chapter6/tankfencegame4.zip 存档文件，这将载入 TANK FENCE GAME 4 应用程序至当前 Eclipse 工作区内。

该应用程序的 src 文件夹包含了 Enemy.java 文件，除了未使用_angleZ 和_interceptY 字段之外，Enemy 类基本等同于 Missile 类。

6.5.1　生成敌方角色

Renderer 类中的 onSurfaceCreated 方法（如程序清单 6.16 所示），旨在在各个象限中设置一个 Enemy 对象，并在正方形角点处生成，如图 6.7 所示。

程序清单 6.16　TANK FENCE GAME 4/src/com/apress/android/tankfencegame4/ GLES20Renderer.java

```
// 10.0005, 10.0, 0.1005
GLES20Renderer._enemies.add(new Enemy(10.0005f, 10.0f, 0));
GLES20Renderer._enemies.add(new Enemy(-3 * 10.0005f, 10.0f, 0));
GLES20Renderer._enemies.add(new Enemy(-3 * 10.0005f, -3 * 10.0f, 0));
GLES20Renderer._enemies.add(new Enemy(10.0005f, -3 * 10.0f, 0));
```

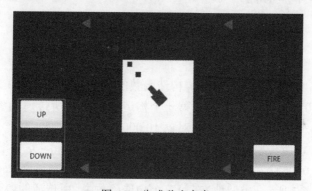

图 6.7　生成敌方角色

前述内容曾在 Blender 软件中对 Enemy 对象进行建模，通过从 properties shelf 中读取全局中间值，可获取该对象的中心位置{10.0005, 10.0, 0.1005}，如图 5.9 所示。

这里，静态字段_enemies 按照下列方式进行初始化操作：

```
private static List<Enemy> _enemies = new ArrayList<Enemy>(10);
```

虽然_enemies ArrayList 的初始容量为 10，但实际操作过程中仅使用了 4 个 Enemy 对象，如图 6.7 所示。下面讨论 ArrayList 在 Renderer 类中的应用方式。

回忆一下，在 Tank Fence 游戏中，玩家须守护白色正方形区域，以防止敌方来犯。考虑到当前对象在 Blender 软件中的建模方式（如图 5.9 所示），其默认渲染位置如图 6.6 所示，因此需要将 Enemy 对象置于远离白色区域处，如图 6.7 所示。对此，可平移此类对象。

传递至 Enemy 类构造函数的数据值（如程序清单 6.16 所示）用于平移矩阵

enemiesMMatrix，参见程序清单 6.17（源自 onDrawFrame 方法和 Renderer 类）。

程序清单 6.17　TANK FENCE GAME 4/src/com/apress/android/tankfencegame4/
GLES20Renderer.java

```
if(GLES20Renderer._enemies.size() > 0) {
  // initenemy();
  float[] enemiesMMatrix = new float[16];

  ListIterator<Enemy> enemiesIterator = GLES20Renderer._enemies.listIterator();
  while(enemiesIterator.hasNext()) {
    Enemy enemy = enemiesIterator.next();
    Matrix.setIdentityM(enemiesMMatrix, 0);
Matrix.translateM(enemiesMMatrix, 0, enemy.getSourcePositionX(), enemy.
getSourcePositionY(), 0);
    renderEnemies(enemiesMMatrix);
  }
}
renderModel(gl);
```

在程序清单 6.16 中，如果 Enemy 构造函数的参数全部设置为 0，则 4 个对象将在 {10.0005,10.0,0.1005}处进行渲染。在第一个构造函数中，所传递的参数值为(10.0005f, 10.0f, 0)，这将沿 x 轴平移首个 Enemy 对象 10.0005 个单位，沿 y 轴平移 10.0 个单位。在第二个构造函数中，所传递的参数为(-3 * 10.0005f, 10.0f, 0)，这将沿 x 轴平移第二个 Enemy 对象-3*10.0005 个单位，沿 y 轴平移 10.0 个单位。因此，该 Enemy 对象将在第二象限被渲染，如图 6.7 所示。类似地，在第三个构造函数中，所传递的参数为(-3 * 10.0005f, -3 * 10.0f, 0)，第四个构造函数所传递的参数为(10.0005f, -3 * 10.0f, 0)——因而相关对象将分别在第三象限和第四象限被渲染。

程序清单 6.17 中的 while 循环用于遍历_enemies ArrayList，进而获得源位置，并作为参数传递至 Enemy 构造函数中，如程序清单 6.16 所示。

在该 while 循环中，将调用 enderEnemies 方法，如程序清单 6.18 所示，矩阵 enemiesMMatrix 用于平移 Enemy 对象。通过调用 GLES20.glUniformMatrix4fv 方法，该矩阵传递至 uniform 变量 uM 中，如程序清单 6.19 所示。

程序清单 6.18　TANK FENCE GAME 4/src/com/apress/android/tankfencegame4/
GLES20Renderer.java

```
private void renderEnemies(float[] enemiesMMatrix) {
  GLES20.glUseProgram(_enemyProgram);
  GLES20.glBindBuffer(GLES20.GL_ARRAY_BUFFER, _enemyBuffers[0]);
```

```
   GLES20.glVertexAttribPointer(_enemyAPositionLocation, 3, GLES20.GL_FLOAT,
false, 12, 0);
   GLES20.glEnableVertexAttribArray(_enemyAPositionLocation);
   GLES20.glUniformMatrix4fv(_enemiesUMLocation, 1, false, enemiesMMatrix,
0);
   GLES20.glUniformMatrix4fv(_enemiesUVPLocation, 1, false, _enemiesVPMatrix,
0);
GLES20.glBindBuffer(GLES20.GL_ELEMENT_ARRAY_BUFFER, _enemyBuffers[1]);
   GLES20.glDrawElements(GLES20.GL_TRIANGLES, 24, GLES20.GL_UNSIGNED_SHORT,
0);
}
```

最后，当平移顶点位置时，该矩阵将与视图-投影矩阵结合使用，如程序清单 6.19 所示。需要注意的是，程序清单 6.18 中的_enemiesVPMatrix 包含了_planeVPMatrix 中数据元素的副本，如下所示：

```
Matrix.multiplyMM(_planeVPMatrix, 0, _ProjectionMatrix, 0,_ViewMatrix, 0);
System.arraycopy(_planeVPMatrix, 0, _enemiesVPMatrix, 0, 16);
```

程序清单 6.19　TANK FENCE GAME 4/src/com/apress/android/tankfencegame4/

GLES20Renderer.java

```
private final String _enemyVertexShaderCode ="attribute vec3 aPosition;
\n"+ "uniform mat4 uM; \n"+ "uniform mat4 uVP; \n"+ "void main() { \n"
+ " vec4 vertex = vec4(aPosition[0],aPosition[1],aPosition[2],1.0); \n"
+ " gl_Position = uM * vertex; \n"
+ " gl_Position = uVP * gl_Position; \n"
+ "} \n";
```

6.5.2　Enemy 对象源位置的插值计算

下面将添加对应代码，以对 Enemy 对象的源位置进行插值计算，如图 6.8~图 6.10 所示。对此，可向 Enemy 对象添加 float 类型的_dx 和_dy 字段，并将_dx 初始化为小于 1 的正值。Enemy 对象源位置的 x 坐标则通过_dx 个单位进行插值。

各个 Enemy 对象沿线性路径运动，并指向平面的中心位置。据此，截距（源自斜截式方式）将为 0。另外，通过斜率_slopeZ 和_dx 之间简单的乘法运算，可得到_dy 字段值。类似地，Enemy 对象源位置的 y 坐标则通过_dy 个单位进行插值。程序清单 6.20 显示了所用的插值方法，而程序清单 6.21 则对 Enemy 构造函数进行了适当的调整。

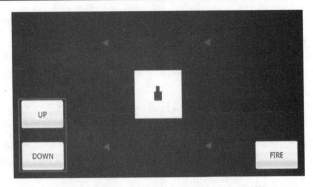

图 6.8 设置处于运动状态的 Enemy 对象

图 6.9 向平面中心位置行进

图 6.10 进入当前平面的 Enemy 对象

程序清单 6.20 TANK FENCE GAME 5/src/com/apress/android/tankfencegame5/Enemy.java

```
public void interpolateXY() {
  if(_sourcePositionX >= 0) {
  _destinationPositionX = _destinationPositionX - _dx;
  _destinationPositionY = _destinationPositionY - _dy;
```

```
    }
    if(_sourcePositionX < 0) {
      _destinationPositionX = _destinationPositionX + _dx;
      _destinationPositionY = _destinationPositionY + _dy;
    }
}
```

程序清单 6.21　TANK FENCE GAME 5/src/com/apress/android/tankfencegame5/Enemy.java

```
public Enemy(float positionX, float positionY, float positionZ, float
slopeZ) {
  _sourcePositionX = positionX;
  _sourcePositionY = positionY;
  _sourcePositionZ = positionZ;
  _destinationPositionX = positionX;
  _destinationPositionY = positionY;
  _destinationPositionZ = positionZ;
  _slopeZ = slopeZ;
  _dy = _dx * _slopeZ;
}
```

当前，需要对 Renderer 类进行适当的调整，进而使用_enemies ArrayList,其中向 Enemy 构造函数加入了新参数，并可直接定义斜率（如程序清单 6.16~程序清单 6.21 所示）。由于采用了对称方式生成 Enemy 对象，因而可按照如下方式方便地传递参数。

```
// 10.0005, 10.0, 0.1005
GLES20Renderer._enemies.add(new Enemy(2 * 10.0005f, 2 * 10.0f, 0, 1.00005f));
GLES20Renderer._enemies.add(new Enemy(-4 * 10.0005f, 2 * 10.0f, 0, -1.00005f));
GLES20Renderer._enemies.add(new Enemy(-4 * 10.0005f, -4 * 10.0f, 0, 1.00005f));
GLES20Renderer._enemies.add(new Enemy(2 * 10.0005f, -4 * 10.0f, 0, -1.00005f));
```

待 onDrawFrame 中的 updateModel 方法都调用完毕后，可调整 while 代码块，即程序清单 6.22 中的 while(enemiesIterator.hasNext())。

程序清单 6.22　TANK FENCE GAME 5/src/com/apress/android/tankfencegame5/
GLES20Renderer.java

```
while(enemiesIterator.hasNext()) {
  Enemy enemy = enemiesIterator.next();
  enemy.interpolateXY();

  if((enemy.getDestinationPositionX() > -20 &&
enemy.getDestinationPositionX() < 0)
&& (enemy.getDestinationPositionY() > -20 &&
```

```
        enemy.getDestinationPositionY() < 0)) {
    enemiesIterator.remove();
  } else {
    float dx, dy;
    Matrix.setIdentityM(enemiesMMatrix, 0);
    Matrix.translateM(enemiesMMatrix, 0, enemy.getSourcePositionX(), enemy.
getSourcePositionY(), 0);
    Log.d("enemy.getDestinationPositionX()", Float.valueOf(enemy. getDestination
PositionX()).
  toString());

    dx = enemy.getDestinationPositionX() - enemy.getSourcePositionX();
    dy = enemy.getDestinationPositionY() - enemy.getSourcePositionY();
    Matrix.translateM(enemiesMMatrix, 0, dx, dy, 0);
    renderEnemies(enemiesMMatrix);
  }
}
```

在获得了当前 Enemy 对象引用后，其坐标（x 和 y）可通过方法进行插值。如前所述，当坐标执行插值计算时，须检测对应 Enemy 对象是否进入（白色）平面。若是，则通过调用 remove 方法，该对象从 ArrayList 中被移除；否则，将平移模型矩阵。对此，该矩阵首先被平移至生成位置，并于随后采用插值结果进行平移。对于后者，需要获得源位置（即当前 Enemy 对象的生成位置）和当前（插值后的）位置间的差。在程序清单 6.22 中，针对 x 坐标和 y 坐标，局部变量 dx 和 dy 用于存储该插值结果。最后，可调用 renderEnemies 方法渲染当前 Enemy 对象。

6.6　通过碰撞检测消除 Enemy 对象

本节讨论如何通过导弹消除 Enemy 对象，如图 6.11 和图 6.12 所示。开始时，可适当调整 TANK FENCE GAME 5 应用程序中的 Renderer 类，并清除_missiles ArrayList 尺寸测试和 renderModel 方法之间的代码行，这将在 onDrawFrame 方法内生成如下代码：

```
public void onDrawFrame(GL10 gl) {
  System.gc();

  long deltaTime,startTime,endTime;
```

```
startTime = SystemClock.uptimeMillis() % 1000;
gl.glClear(GLES20.GL_COLOR_BUFFER_BIT | GLES20.GL_DEPTH_BUFFER_BIT);

if(GLES20Renderer._zAngle >= 360) {
  GLES20Renderer._zAngle = GLES20Renderer._zAngle - 360;
}
if(GLES20Renderer._zAngle <= -360) {
  GLES20Renderer._zAngle = GLES20Renderer._zAngle + 360;
}

updateModel(Counter.getUpDownValue(), GLES20Renderer._zAngle);
if(GLES20Renderer._missiles.size() > 0) {
  initMissiles();
}
renderModel(gl);

endTime = SystemClock.uptimeMillis() % 1000;
deltaTime = Math.abs(endTime - startTime);
if (deltaTime < 20) {
  try {
    Thread.sleep(20 - deltaTime);
  } catch (InterruptedException e) {
    e.printStackTrace();
  }
}
}
```

图 6.11　锁定敌方角色

图 6.12　消灭敌方角色

在上述 if 代码块和 renderModel 方法之间，首先可构建 if 代码块，并测试是否 Enemy 对象。其中，可初始化 enemiesMMatrix 模型矩阵（类型为 float[16]），并于随后通过 ListIterator 遍历 Enemy 对象，如程序清单 6.23 所示。

程序清单 6.23　TANK FENCE GAME 6/src/com/apress/android/tankfencegame6/ GLES20Renderer.java

```java
if(GLES20Renderer._enemies.size() > 0) {
  float[] enemiesMMatrix = new float[16];
  ListIterator<Enemy> enemiesIterator = GLES20Renderer._enemies.listIterator();

  while(enemiesIterator.hasNext()) {
    boolean renderEnemy = true;
    Enemy enemy = enemiesIterator.next();
    enemy.interpolateXY();

    float enemyOX = enemy.getSourcePositionX();
    float enemyOY = enemy.getSourcePositionY();
    float enemyX = enemy.getDestinationPositionX();
    float enemyY = enemy.getDestinationPositionY();

    if((enemyX > -20 && enemyX < 0) && (enemyY > -20 && enemyY < 0)) {
      enemiesIterator.remove();
    } else {
      if(GLES20Renderer._missiles.size() > 0) {
        ListIterator<Missile> missilesIterator =GLES20Renderer.
        _missiles.listIterator();
        while(missilesIterator.hasNext()) {
          Missile missile = missilesIterator.next();
          float[] missileCenter = new
```

```
        float[]{missile.getDestinationPositionX(),missile. getDestination
PositionY(),0};
        // change the coordinate w.r.t global center, instead of {10.0005,
10.0, 0.1005}
        float[] difference = new float[]{missileCenter[0]-(enemyX+10),
missileCenter[1]-(enemyY+10),0};
        if(Matrix.length(difference[0], difference[1], 0) < 3) {
          renderEnemy = false;
          missilesIterator.remove();
          enemiesIterator.remove();
          // using break to exit while(missilesIterator.hasNext()) loop
          break;
        }
      }
    }
  }
  if(renderEnemy) {
    float dx, dy;
    Matrix.setIdentityM(enemiesMMatrix, 0);
    Matrix.translateM(enemiesMMatrix, 0, enemyOX, enemyOY, 0);

    dx = enemyX - enemyOX;
    dy = enemyY - enemyOY;
    Matrix.translateM(enemiesMMatrix, 0, dx, dy, 0);
    renderEnemies(enemiesMMatrix);
  }
 }
}
```

在 while 代码块内，可将布尔标识 renderEnemy 设置为 true。若导弹对象与当前 Enemy 对象碰撞，则该标识将设置为 false，且当前 Enemy 对象不会被渲染。

【提示】考虑到在 ArrayList 中遍历 Enemy 对象，因而"当前 Enemy 对象"是指在 while (enemiesIterator.hasNext()){...}代码块加以处理的 Enemy 对象。

随后，需要对当前 Enemy 对象的源位置进行插值计算。如前所述，插值过程中依然须测试 Enemy 对象是否进入对应平面内。

待当前 Enemy 对象的源位置插值完毕后，可开始遍历导弹对象。此处，可定义局部变量（类型为 Missile）引用当前导弹对象，通过读取插值后的源位置，可存储该导弹对象的中心位置。同时，还可定义类型为 float[3]的另一个局部变量 difference，进而存储当前导弹对象和 Enemy 对象间的差值。

【提示】由于 Enemy 对象插值后的位置并未体现其真实的中心位置（全局中心位置），因而在程序清单 6.23 中，须适当增加 enemyX 和 enemyY 的变量值。

当差值为 0 时，即表明中心位置重叠。针对此类情形，可实现准确的锁定插值，如图 6.11 所示。当然，此处并未采用这一类精确的定位方式。在程序清单 6.23 中的 if(Matrix.length(difference[0], difference[1], 0)<3) 代码块中，可通过 Matrix.length(float vec[0], float vec[1], float vec[2]) 方法计算 vec 向量的长度。此处并未测试长度值是否为 0，而是计算该值是否小于 3，这将降低 Enemy 对象的锁定难度。

最后，若条件为真，则将 renderEnemy 设置为 false。随后，可从 ArrayList 中移除当前导弹对象和 Enemy 对象，进而予以消除，如图 6.12 所示。

当前游戏尚未全部完成，剩余工作则是创建游戏菜单（在第 2 章"创建游戏菜单"一节中曾对此有所讨论）。另外，读者还可参考 GAME MENU 应用程序，进而编写游戏菜单所需的代码。

6.7　本 章 小 结

本章开始处讨论了降低 Android ES 2.0 应用程序功耗的相关方法，并于随后继续分析 Tank Fence 游戏的开发过程，以及 Missile 和 Enemy 游戏对象的添加方式。

读者还可对 Tank Fence 游戏进行适当扩展，并引入更为高级的面向对象编程技术。另外，由 Mario Zechner 和 Robert Green 联袂编写的《*Beginning Android Games，Second Edition*》一书，则提供了更为完整的 Android 游戏框架构建方式。